U0174015

文化景观 在美丽乡村规划中 的应用研究

✿ 严少君 / 著

中国林业出版社
·北京·

图书在版编目（CIP）数据

文化景观在美丽乡村规划中的应用研究 / 严少君著. -- 北京：中国林
业出版社，2020.11

ISBN 978-7-5219-0742-1

Ⅰ.①文… Ⅱ.①严… Ⅲ.①人文景观—应用—乡村规划—研究—中国

Ⅳ.①TU982.29

中国版本图书馆CIP数据核字（2020）第144029号

策划编辑：杜　娟
责任编辑：杜　娟　王思源
文字编辑：马吉萍

出版　中国林业出版社（100009　北京市西城区刘海胡同 7 号）
　　　　http://www.forestry.gov.cn/lycb.html　　电话：（010）83143573
发行　中国林业出版社
印刷　北京博海升彩色印刷有限公司
版次　2020 年 11 月第 1 版
印次　2020 年 11 月第 1 次印刷
开本　787mm×1092mm　　1/16
印张　12.5
字数　250 千字
定价　98.00 元

　　文化景观是联合国世界遗产委员会于1992年正式提出的遗产类型，简要来说是指人与自然共同作用、长期互动、持续进化而形成的产物。中国位于亚洲东部、太平洋西岸，领土辽阔广大，孕育了56个民族，各个民族在适应当地环境的过程中形成独具特色的民族文化，进而形成具有鲜明地域特点的多民族文化特色景观。在漫长的历史进程中，本原文化逐渐形成，并拥有相对固定的区域特征；之后随着时代变迁，由于战争、种族分歧等原因造成人口流动，一些民族的人口迁入到适合该民族生存的场所，定居下来，最终适应新迁徙地的环境，久而久之，新迁入民族与当地居民之间的互动，形成了新的社会关系，改变了原有村庄的文化与生活方式。在二者融合的过程中，新迁入民族和当地居民的生活习惯、方式，甚至信仰，都呈现出动态演化的特征。

　　在中国漫长的发展史中，虽然儒家文化一直为主流思想，但朝代的更迭带来了不同的思潮。这些思潮既具鲜明的时代性，又具有强烈的政治性和宗教性。多样的文化特质在中国乡村积淀，造就了新的文化元素和文化内涵，促进了中国乡村的多元化发展。

　　中国大约80%的人口生活在乡村，乡村一直是中国人最主要、最传统的生产生活空间。中国乡村因地随形，广泛分布于平原、丘陵、高原和盆地；气候差异显著，横跨热带、亚热带、温带，且乡村形式多样、文化底蕴深厚，乡村场所已经成为一种物质符号，记载了社会与自然变迁，具象化地表现了人们的思想、观念与精神寄托。乡村景观必然是自然进程和人类活动的动态、连续的相互影响的结果，最终实现了物质与非物质存在的价值。

因此，如何将不同文化元素融入现有的乡村规划中，并使之得到很好的继承与发展，具有重要的现实和理论意义，是目前研究者一直关注的问题。许多研究者已经在不同的文化景观层面，剖析了某个文化景观元素在乡村景观规划、乡村产业等方面的应用，也从村庄聚落演变的角度分析了乡村文化景观的演化。然而现今，复合型、多元化的乡村文化景观有的随着时间的更替早已消失，有的只能通过记载报道的只言片语了解，有的经历时间沙漏的筛选仍被留存，这对我们实现乡村文化景观的保护及开发应用带来了许多的困难，因此有必要对此展开深入讨论。

"美丽乡村"脱胎于2003年的浙江省"千村示范、万村整治"建设经验。随着多年的建设，2016年国家又提出特色小镇培育政策。住房和城乡建设部培育特色小镇的目的是"打造特色鲜明的产业形态，和谐宜居的美丽环境，彰显特色的传统文化，提供便捷完善的设施服务，建设充满活力的体制机制"。美丽乡村与特色小镇的本质均在于生产、生活、生态的有机统一，打造发展动力强、环境品质优的人居环境。特色小镇是美丽乡村建设和发展的蓝图，而美丽乡村是培育特色小镇的基础。其中，美丽乡村更注重环境整治、设施完善、社会和谐、生活美好、产业发展，特色小镇则是更注重产业提升与文化建设保护。

由此可见，文化景观在美丽乡村中的应用显得尤为重要，笔者通过多年的项目实践与理论研究，对文化景观如何应用于美丽乡村实践，总结了自己的一些看法，并将自己的观点与大家分享，请多批评指正。

目录

第1篇　理论篇
PART 1　THERETICAL PART

第 2 篇　实践应用研究篇
PART 2　PRACTICAL APPLICATION RESEARCH PART

［案例 1］　培育畲族文化特色小镇的美丽乡村规划研究
——以江西龙冈畲族乡美丽乡村规划为例

[案例2] 培育红色文化旅游特色小镇的美丽乡村规划研究
——以江西龙冈畲族乡美丽乡村规划为例

［案例 3］ 竹文化在美丽乡村规划中的应用研究
——以浙江省杭州市余杭区石竹园村为例

PART 1
THEORETICAL PART

第1篇　理论篇

1　我国乡村文化景观的形成过程

乡村文化贯穿乡村景观发展的始终，是乡村发展的内在推动力。我国乡村聚落的初始形态在史前时期就已经开始萌芽，并形成了定居农业的生活方式。本书截取史前时期至后工业时代的历史序列，探讨乡村文化景观的时空演变。

1.1　原始文明时期的农业文化景观

1.1.1　文化特征

原始文明时期朴素的乡村文化具有以下特征：

①受自然环境和社会生产力发展水平的影响，形成了以种植稻作为主要生产方式，以石器为生产工具的定居农业生活方式。

②宗教信仰影响史前人类生活的方方面面。例如良渚文化时期大量刻画有神秘符号、作为主要祭祀礼器和身份象征的精美玉器的出土。

③文化价值观表现为朴素自然观，朴素的"天方地圆"盖天宇宙观指导人类的生活生产实践，伴随着社会阶层的分化，形成了神权、王权、军权兼备的国家体系，其中良渚古国是神权占主导地位的神权国家，仰韶是军权、王权相结合的王权国家。

1.1.2　景观特点

原始人是因为通过直立行走并能使用工具，而成为了所谓的智慧之人。从那以后，人类的文明就开始产生，当时的人们生活在原始部落里，树洞、山洞、河边是他们栖息之所，目的在于便于获取食物，同时也能随时掩藏自己而不受野兽的攻击。之后随着文明的进步，人们开始聚集居住，逐渐形成部落形态，这也是最古老的村庄聚落，当时的人们生活生产方式也是最原始的乡村文化的源头。当时的资源依赖天然给予，如自然的植物、水、山石以及动物。从上山到良渚5000余年，江南定居农业生活方式已经成熟，种植水稻、开凿水井、驯养家畜、制造陶器、建造房屋的定居农业文化生活方式日益成熟。崧泽文化出现了大型石犁和石镰等，代表性陶器则是"鼎、豆、壶"组合。良渚时代达到了史前定居稻作文化的高峰。

以良渚文化时期为例。就地理环境来看，当时人们选择丘陵缓坡与湖沼交界的背山面水之处建都城，并以都城为核心形成外城郭，外城郭的功能承载着向内城提供物资的功能，以稻作文明为主的农耕文化就此产生，百姓居就此展开，形成了自然景观、人文景观以及不可考察而消失的景观（表1.1）。其中自然景观完全依赖于自然山水格局，而良渚恰好是天目山的支脉，形成了独有的背山面水的格局；具有丰富的动植物资源，经过考古发现，在良渚遗址中发现了42种的动物遗存，植物主要有水稻、桃、核桃、薏米、芡实、枫杨、樟树等；再者因气候温和湿润，形成了河网和湿地的自然环境。

良渚古城在这样的环境下，形成了特有的文明聚落。其古城分为宫殿区核心区，内城和外城，有着明显的等级层次，外城郭为农业生产区，内城为手工业区，核心区为最高统治者生活处理事务和生活的区域，最终形成一个方正的布局形态。除此之外，在主城内还具有祭坛等文化场所（图1.1）。

表 1.1　原始文明时期的乡村景观特征——以良渚文化时期为例

乡村景观类型	景观特征	佐证
自然景观	完整的山水格局	良渚古城的南面和北面都是天目山脉的支脉，东苕溪和良渚港分别由城的南北两侧向东流过
	丰富的动植物资源	地处冲积平原上，野生动植物资源丰富。在良渚遗址中可鉴定出42种属的动物遗存
	自然环境	良渚文明时期，气候温暖湿润，良渚古城周围密布河网和湿地，自然环境得天独厚
人文景观	聚落景观	方正的古城聚落形态：良渚古城平面略呈圆角长方形，正南北方向。城墙底部先垫石块，上面堆筑纯净的黄土，夯实
		发达的水利系统：打井修渠，灌溉农田，是良渚文化居民发展农业的又一重要成就
	生产景观	良渚遗址中出土了大量三角形石犁等农具，可以发现良渚人已进入犁耕阶段
	宗教	良渚玉器中的主要纹饰主题——神人兽面纹，是其神崇拜的主要体现
不可考察而消失的文化景观	布料、部分用具	良渚出土的陶器（如黑皮陶）、玉器（如璧、琮、璜、环、珠等）、石器和丝织品残片

良渚古城遗址，统治阶级生活区域

良渚古城遗址外郭区域，为良渚先民从事农业生产、生活的区域

图 1.1　良渚古城遗址图

1.2 农业文明时期的乡村文化景观

1.2.1 文化特征

随着生产力的不断发展，人类社会进入以农耕经济为主的文明社会。农业文明时期乡村文化具有以下4个特点：①自然地理环境对乡村文化景观的形成有着巨大的影响，不同地域的乡村发展出了独特的在地文化。②乡村文化观念影响建筑形式、聚落布局等，这些物质符号又成为表现和延续观念、思想的载体。③乡村文化在延续本土文化的同时，不断与外来文化碰撞、融合。④乡村文化具有封建和神学色彩，崇尚天人合一的平衡思想。

1.2.2 景观特点

以农耕和自然崇拜为主的文化观念对乡村的自然景观和人文景观都产生了一系列的影响。见表1.2，秦汉时期处于农业文明发展时期，乡村基于氏族社会的聚落基础上，构建成依赖自然山水格局的自然景观格局，形成了井然有序、分工合理的村落格局，有较为系统的交通路线与水利工程，田园网络清晰，精神文明以追求心中愿望为主，从而形成了秦汉时期的初级阶段的乡村文化格式；到了魏晋南北朝时期，在依赖自然山水的格局上，人的思想发生了转变，转变为寄托山水自然野趣的情感审美，佛教开始盛行，人的精神跨越到另一个层次，从而也开启了中国园林的转折发展之路，一直到隋唐宋时期，开始创造山水或山水结合格局的景观，后来发展到元明清时期，借助意境来表达自然山水格局，形成中国传统的景观文化格局。

表1.2 我国古代时期的乡村文化景观特征（秦汉至元明清时期）

发展阶段	乡村景观类型	景观特征	佐证
秦汉时期	自然景观	依托完整的山水格局而建造	班固《西都赋》："前乘秦岭，后越九峻，东薄河华，西涉岐雍。官馆所历，百有余区。"
		丰富的动植物资源	《淮南子·主术训》："是以群生遂长，五谷蕃殖。教民养育六畜，以时种树，务修田畴，滋植桑麻。肥墝高下，各因其宜，丘陵坂险不生五谷者，以树竹木。春伐枯槁，夏收果蓏，秋畜蔬食，冬伐薪蒸，以为民资。"
		自然环境优美适宜	《后汉书·仲长统传》："使居有良田广宅，背山临流，沟池环匝，场圃筑前，果园树后。"
	人文景观	聚落景观	聚落布局零散 《史记·货殖列传》："楚越之地，地广人稀。" 《后汉书》卷51《李陈庞陈桥列传》："三辅山原旷远，民庶稀疏，故县丘城，可居者多。"
			内外交通便利 《汉书·晁错传》："然后营邑立城，制里割宅，通田作之道，正阡陌之界。"

（续）

发展阶段	乡村景观类型	景观特征		佐证
秦汉时期	人文景观	聚落景观	建筑规整独立，以土夯筑	《睡虎地秦墓竹简·封诊式》："一宇二内，各有户，内室皆瓦盖，木大具，门桑十木。"
		生产景观	规整的农田布局	《氾胜之书》："以亩为率，令一亩之地，长十八丈，广四丈八尺。"
			农田水利建设发展	《汉书·沟洫志》："郑国在前，白渠起后。举锸为云，决渠为雨。泾水一石，其泥数斗，且溉且粪，长我禾黍。"汉代时相继建成了郑渠、白渠、龙首渠、六铺渠等大型水利工程。
			代田法、铁制农具的推广、牛耕和犁耕技术的广泛运用	《汉书·食货志》："一晦三甽，岁代处，故曰代田，古法也。"《盐铁论》卷六《水旱》："农，天下之大业也，铁器，民之大用也。器用便利，则用力少而得作多，农夫乐事劝功。"《汉书·食货志》："用耦犁，二牛三人。"
		精神信仰	实用性。乡村居民对神祇的崇拜大多从实用角度出发	《淮南子·氾论训》："今世之祭井灶门户箕帚杵者，非以其神位能飨之也，恃赖其德烦苦之无已也。是故以时见其德，所以不忘其功也。"
			泛神崇拜。认为神祇无所不在，万物有灵	《郊祀志》："至天帝六宗以下至诸小鬼神，凡千七百所用三牲鸟兽三千余种。"
			地方色彩浓重。存在某一地方所独有的神祇	《风俗通·怪神》："九江逡遒有唐、居二山，名有神，众巫共为取公妪，岁易，男不得复娶，女不得复嫁。"
魏晋南北朝	自然景观	创造山水与自然山水结合格局		《山居赋》："岂伊临豀而傍沼，乃抱阜而带山。"
		丰富的动植物资源		《金谷诗序》："有清泉、茂林、众果、竹柏、药草之属。金田十顷，羊二百口，鸡、猪、鹅、鸭之类。"
		野趣的自然环境		《归园田居其四》："试携子侄辈，披榛步荒墟。"
	人文景观	聚落景观	战乱地区聚落内部建筑密集规整，和平时分散	《关东风俗传》："一宗将近万室，烟火相接，比屋而居。"《归田园居》："方宅寸余亩，草屋八九间。榆柳荫后檐，桃李罗堂前。暧暧远人村，依依墟里烟。"
			建筑多为草舍，以土木为材料	《齐民要术·作豉篇》："屋必以草盖，瓦则不佳。"《隋书·高颎传》："江南土薄，舍多竹茅。"
			村落分布广泛	《梁书·张弘策传》："缘江至建康，凡矶浦村落，军行宿次，立顿处所，弘策逆为图测，皆在目中。"《魏书·刘灵传》："秋九月，堰自溃决，漂其缘淮城戍居民村落十余万口，流入于海。"
		生产景观	农田平整紧凑	《桃花源记》："土地平旷、屋舍俨然。有良田美池桑竹之属，阡陌交通，鸡犬相闻。"

（续）

发展阶段	乡村景观类型	景观特征	佐证
魏晋南北朝	人文景观	生产景观	开辟渠渎，为屯田提供水利，为军事提供保障
			《后魏书》："邺城平原千里，漕运四通。"
		精神信仰	民间祭祀多为当地鬼神
			《神弦歌·白石郎曲》："白石郎，临江居。前导江伯后从鱼。"
			广泛的自然崇拜
			《搜神记》卷四："风伯、雨师，星也。风伯者，箕星也；雨师者，毕星也。"
			葛洪《抱朴子》："《昆仑图》曰：'鸢鸟似凤而白缨，闻乐则蹈节而舞，至则国安宁。'"
			佛教盛行，道教建立，作为宗教建筑的佛寺、道观大量出现
			魏书《释老志》："敦煌地接西域，道俗交得其旧式，村坞相属，多有塔寺。"
			杜牧《江南春》："南朝四百八十寺，多少楼台烟雨中。"
隋唐宋时期	自然景观	创造山水与自然山水结合格局	孟浩然《过故人庄》："绿树村边合，青山郭外斜。"
			罗大经《鹤林玉露》："凡通都会府，山水固皆翕聚。至于百家之邑，十室之市，亦必倚山带溪，气象回合。若风气亏疏，山水飞走，则必无人烟之聚。"
		天然丰富的动植物资源	《答谢中书书》："青林翠竹，四时俱备。晓雾将歇，猿鸟乱鸣。夕日欲颓，沉鳞竞跃。"
		自然环境优美	《答谢中书书》："山川之美，古来共谈。高峰入云，清流见底。两岸石壁，五色交辉。"
			曹勋《沁园春》："犹堪去，向清风皓月，南涧东冈。"
	人文景观	聚落景观	聚落分布广泛，区域间分布不均衡
			《叶适·水心文集》："民聚而多，莫如浙东西。"
			《和陶劝农六首并引》："海南多荒田，俗以贸香为业。"
			建筑多为竹篱茅舍
			陆游《小舟游近村舍舟步归》："数家茅屋自成村。"
			李纲《善权即事·山崦溪湾三四家》："山崦溪湾三四家，竹篱茅舍暮烟斜。"
			王禹偁《黄冈竹楼记》："黄冈之地多竹，大者如椽。竹工破之，刳去其节，用代陶瓦。比屋皆然。"
			周去非《岭外代答》屋室："或以竹仰覆为瓦，或但织竹笆两重。"
		生产景观	农作物种植多样化
			朱熹《晦庵先生朱文公文集》："种田固是本业，然粟、豆、麻、麦、菜、蔬、痴、芋之属亦是可食之物。"
			商品农业开始发展
			李昉《太平广记》："唐荆南有富人崔导者，家贫乏，偶种橘约千余株，每岁大获其利。"
			范成大《四时田园杂兴》："桑下春蔬绿满畦，菘心青嫩芥苔肥，溪头洗择店头卖，日暮裹盐沽酒归。"
			生产劳作技术的进步
			《钦定授时通考》："耘犁之功，全藉牛力。"
			宋梓《劝农文》："粪秽以肥其田。"
			《全宋文》："火种者宜早烧畬，水种者宜早稼泽，硗田宜早垦辟，原田宜早服耒。"
			水利事业发展
			朱熹《劝农文》："陂塘水利，农事之本。"后致力于修建黄岩水利建设，造六闸、修三闸。
			真德秀《福州劝农文》："阪塘沟港，潴蓄水利，各宜及时用功浚治。"

（续）

发展阶段	乡村景观类型	景观特征		佐证
隋唐宋时期	人文景观	精神信仰	信仰多元化	张鷟《朝野佥载》："唐初以来，百姓多事狐神，房中祭祀以乞恩，食饮与人同之，事者非一主。当时有谚曰：'无狐魅，不成村。'" 《长编》："又京东西之民多信妖术，凡小村落，辄立神祠，蚩蚩之氓，或于祸福。"
			家训影响增大，义庄和乡约的出现	唐代可见的家训有20余部，宋代数量激增，广泛散布于民间，如司马光《家范》、朱熹《家礼》等。 龚明之《中吴记闻》："置买负郭常稔之田千亩，号曰义田，以养济群族之人。" 《宋史·吕大防传》："尝为乡约曰：'凡同约者，德业相劝，过失相规，礼俗相交，患难相恤，有善则书于籍，有过亦违约者亦书之。'"
元明清时期	自然景观	借助意境联想表现自然山水格局		《南乡子·秋暮村居》："红叶满寒溪，一路空山万木齐。试上小楼极目望，高低。一片烟笼十里陂。"
		丰富的动植物资源		《天净沙·秋》："孤村落日残霞，轻烟老树寒鸦，一点飞鸿影下。青山绿水，白草红叶黄花。"
		诗意栖居的自然环境		《春日杂咏》："青山如黛远村东，嫩绿长溪柳絮风。"
	人文景观	聚落景观	乡村分布广泛密集	许承尧《歙事闲谭》："乡村如星列棋布，凡五里十里，遥望粉墙矗矗，鸳瓦鳞鳞，棹楔峥嵘，鸱吻耸拔，宛若城郭，殊足观也。" 谢肇淛《五杂俎》："望衡对宇，栉比千家，鸡犬桑麻，村烟殷庶。"
			建筑风格呈现地域化、精细化	李解撰《扬州画舫录》："盛馆舍，广招宾客；扩祠宇，敬宗睦族；立牌坊，传世显荣。"（安徽徽派建筑） 《清涧县志·建设志》："土窑多修筑于山麓、山坡，土质以结构规整的白胶土、红胶土或黄土为宜。"（陕西窑洞） 《南靖县志》："裕昌楼建于元末，高五层，共270间，是县内最大最古老的圆形楼。"（福建土楼）
			建筑形制具有明确规定	《明史》："庶民庐舍不过三间，五架，不许用斗拱，饰彩色"，"三十五年复申禁饬，不许造九五间数，房屋虽至一二十所，随其物力，但不许过三间。正德十二年令稍变通之，庶民房屋架多而间少者，不在禁限。"
		生产景观	生产种植多样化发展	乾隆《苏州府志》："木棉布，诸县皆有，常熟为胜。" 雍正《昭文县志》："水乡农暇则操舟捕鱼；附郭农兼鬻蔬菜，织曲薄为业。"

（续）

发展阶段	乡村景观类型	景观特征	佐证
元明清时期	人文景观	生产景观 域外高产作物引种推广	《平凉府志》记载，16世纪上半叶，玉米分别从西北陆路、东南海路、西南陆路传入。 道光《电白县志》记载，16世纪中叶，番薯从东南海路传入。
		水利设施建设完善	17世纪中国修筑堤堰580处，18世纪818处，19世纪394处，从14世纪到20世纪，由水利建设所代表的资本形成增长了3~4倍。
		生态农业发展	《高明县志》："将洼地挖深，泥复四周为基，中凹下为塘，基六塘四。基种桑，塘蓄鱼，桑叶饲蚕，蚕矢饲鱼，两利俱全，十倍禾稼。"
		精神信仰 儒、释、道三教并行，建庙供奉	儒释道各有所长，因此"以佛治心，以道治身，以儒治世"。民间私建龙王、火神、山神、土地、财神、送子娘娘等神庙，至清末，几乎无村不有。
		地方神祇及贤烈良宦崇拜	《陔余丛考》："江汉间操舟者，率奉天妃，而海上尤甚。" 《湛园集》："五通神者祠庙遍江南。" 《震泽镇志》："在东岳天齐圣帝诞辰前后十余日，士女往东岳庙进香。"

1.3　工业文明时期的乡村文化景观

1.3.1　文化特征

随着工业革命的崛起，许多国家陆续从农业社会过渡到了工业社会。我国自给自足的小农经济自鸦片战争以来受到了巨大的冲击，也逐步进入工业文明时期。城市文明对乡村的生活方式如劳动方式、消费方式、婚恋方式、文化娱乐方式产生了猛烈的冲击。传统的"靠山吃山，靠水吃水"的乡村环境观也发生了改变，人们不再满足于对自然环境的依赖，从敬畏自然开始逐渐转变为试图征服自然。乡村仍以农业生产为主要产业，但大量的青壮年劳动力受到利益驱动往城市中流转，使得乡村文明显现出快速衰弱的趋势。尽管受到城市文明的冲击，但总体上乡村还是保持着淳朴、自然的鲜明特点。

1.3.2　景观特点

工业文明时期的乡村景观，呈现出明显的城乡趋同倾向，而淡化了乡村本身的环境生态、民风民俗等乡土特征。乡村景观破碎度增大，景观要素比重发生变化，乡村逐渐向"城市性"迈进。乡村文化景观历经沧桑，有一部分在发展过程中流失，但不影响乡村文化景观整体的真实性的表现。乡村的过度无序开发过程中产生了植被减少、水土流失、水体和空气污染等环境问题，人与自然的亲和关系逐渐向对立、敌斥关系转变。有识之士预见到这样的后果也提出了种种改良的学说，对乡村景观的保护被提上日程。

1.4 后工业时期的乡村文化景观

1.4.1 文化特征

大约从20世纪60年代开始，在先进的发达国家和地区，经济高速腾飞，进入了后工业时代即信息时代，而第十七届全国人民代表大会明确提出的"生态文明观念在全社会牢固树立"的要求标志着我国进入后工业文明时代。随着城市居民生活水平不断的提高、生活压力的日渐增大、城市环境恶化，人们开始向往风景优美、怡然自得的乡村生活，城市的居民普遍存在着回归自然田园的寄托，乡土的田园景观、农耕文化、建筑文化、饮食文化、手工艺文化、家庭文化、艺术文化逐渐成为一种特别的旅游资源，吸引了大量城市居民。农业旅游顺势兴起，旅游业逐渐成为乡村经济的重要来源，乡村产业结构发生了显著的转变和升级。

1.4.2 景观特点

由于农业旅游的兴起，农田不再片面追求高效化而保留原有肌理，农业生产活动和传统手工业成为旅游商品而得以保存，同时，后工业文明时期的乡村重视生态文明建设，人与大自然之间由之前的敌视、对立关系又逐渐回归为亲和的关系，这些对乡村文化景观的传承与发展都起着有利的作用。对城市生活的向往一直影响着乡村，乡村跟着城市的大步走在乡村的城市化道路上，传统的乡村文化景观内部发生了巨大的变化，产生了不同景观交替的景观分割格局，乡村风格不统一，以及人们对城市的追崇心理，导致中国乡村中出现欧式建筑、绿化形态等，造成了乡村文化景观的破碎化。乡村的城市化并不是把乡村变成城市，其实质是为了节约农村用地和提高村民的生活品质，不应一味追求和城市一模一样的外貌形象，这会导致乡村的乡土性、田园性等风貌丢失。

同时乡村旅游业的发展也带来了不良的景观冲击，在功能需求、外在形式以及景观建设的历史要求下，带来了不和谐的景观风貌。例如利益驱动盲目求快，忽视在地文化的挖掘而导致"千村一面"的景观；过度商业化与传统村落恬静和谐的气质相违背；设计较差的旅游设施、建筑风格、广告标识破坏了当地景观的协调性，甚至造成不可逆转的破坏等。

自进入后工业时代以来，人们逐渐意识到可持续发展的重要性。乡村已由过于单一的农民自居和农业生产功能转为集农业生产、生态涵养、观光休闲、农耕体验和教育娱乐等多元功能于一体，乡村文化也随之演化，与时代精神相融合。乡村自然景观得到保护的同时，更应注重文化景观的真实性，更多地转向对地域文化的追求，拓展其深度与广度。

2 文化景观在美丽乡村规划中的应用思考

　　美丽乡村建设来源于浙江，在时任浙江省委书记习近平同志的倡导和主持下，2003年浙江省委极具前瞻性实施了"千村示范、万村整治"工程的重大决策，从而开启了美丽乡村建设征程。2010年，浙江省委政府实施了《浙江省美丽乡村建设行动计划（2011—2015年）》，标志着美丽乡村建设正式升格为省级战略，浙江省美丽乡村建设全面启动。2017年，党的十九大提出了实施乡村振兴战略，开启了新时代美丽乡村建设新征程，是继新农村建设战略后，党中央针对新时代"三农"工作的新战略、新部署和新要求。而乡村文化作为中华传统文化的根底，是乡村振兴的铸魂工程，对于乡村组织振兴、生态振兴、产业振兴、人才振兴具有重要引领和推动作用。

2.1 文化景观在美丽乡村规划中应用时所面对的问题

2.1.1 环境整治问题

　　2003年，村庄环境整治作为乡村建设的第一步，提出了具体任务：①基础设施完善，完善乡村环境治理系统。目前我国已经基本完成乡村的水利、交通、通信以及农村公共服务体系，并为后期乡村规划奠定了基础；②环境治理，改善人居环境。目前我国全面展开"五水共治"，乡村生态环境治理正在开展，并取得了一定的进展，但是仍然需要持续有效地开展，后期美丽乡村规划时应纳入其中考虑；③乡村不是单独的存在，未来规划建设是需要考虑乡村与周边环境，并与国土空间生态保护规划对应，融入大尺度大空间的生态廊道、生态建设范围，突出乡村自身的生态贡献功能，从而彰显生态文化景观的重要性。

2.1.2 产业发展问题

　　党的十九大报告提出"乡村振兴"战略，目的是促进乡村产业振兴，提升乡村经济发展效率。不同乡村具有不同的产业特征，规划时面临的任务是挖掘产业或者优化现有的产业，通过规划的手段，建立新型产业体系。这对乡村规划工作而言，将面临更多的挑战。

2.1.3 文化传承问题

　　乡村的文化根深于千百年来所形成的"道德""风俗""人文"等乡土文化，以及后期形成的"产业文化"，规划时所面临的挑战包括：①文化的保护，乡土文化始终处于动态的演变中，挖掘和理顺文化脉络是文化保护的前提；②文化的传承，文化传承是对已有文化的优化与延续。如何突出"文化"的原汁原味，并精练为"文化符号""文化精神"，使其在现代生活依然鼓舞和凝聚民心是规划时的重点难点。

2.1.4　百姓生活问题

乡村因乡村居住的百姓而存在。百姓的生活需求问题是乡村问题的根本。党的十九大报告提出"创造美好生活"是人类追求的最高目标。规划者要为在地居民创造优美的生活、生产环境，包括生态环境，设施环境，休闲娱乐环境以及创业环境等。

2.2　文化景观在美丽乡村规划中的应用

美丽乡村建设目标是在农村环境整治的基础上，建设美丽景观环境，提升农民生活品质，提升乡村产业发展，创造美好的生产生活环境。而乡村文化是村落居民的社会活动与自然环境相互作用过程中产生的现象和观念的总和，既包含空间格局、建筑风貌等物质文化，也包含物质空间所承载的民风民俗、生活习惯、道德文明、乡土信仰等非物质文化。乡村文化是一种不断动态演进的文化，与所在区域的社会发展、经济发展、生态发展密切相关。近现代以来，乡村景观受到城市思潮的冲击，与传统的乡村文化产生了事实上的割裂，因此，如何通过景观营造的方式延续乡村文脉，重新唤醒乡村文化之魂，使乡村文化振兴引领美丽乡村建设是值得深入研究的重大课题。

2.2.1　文化景观在美丽乡村规划中的指导思想重塑

目前乡村景观同质化、文化要素套路化、过度建设破坏生态环境等问题使得乡村转变发展思路迫在眉睫。首先，我们必须重新认识文化景观的内涵：新的时代环境要求乡村文化景观必须融入新的时代精神，多元性、地域性成为新的追求目标；其次，营建手段需要创新：以往许多的规划设计案例中文化景观的呈现以当地人们生活生产用具、乡土植物材料、田园风光为主，而在美丽乡村规划建设中，文化景观建设需要从可持续发展的要求出发，与产业发展、生活品质提升紧密联系，最终实现"乡村振兴"。

2.2.2　文化景观在美丽乡村规划中的应用原则

（1）突出文化景观的地域性原则

文化景观的地域性为本土文化和地域特色，在长期的地理条件作用和文化互动过程中形成了独特的村落布局、民居风格、生产方式以及与之对应的民族文化、民俗风情、宗教教仰、生活习惯等。在美丽乡村规划时，挖掘出当地景观的演化规律和逻辑，提炼出地域性文化元素，并将此贯穿于整个规划过程。

（2）突出文化景观的多元性原则

不同的文化在多元的地理单元中发展，形成了相对独立的文化单元，这些文化单元因内化了地理特征、社会变迁、生产方式等诸多要素而形成了多样化的表现形式。例如，浙江省素有"七山一水两分田"之说，因构成的自然生存环境不同，从而也形成了山地、田园以及海洋型等村庄模式，因此也形成了多样化的历史文化、生活习惯、农耕方式以及经济发展模式等。所以，在美丽乡村规划时应在挖掘地域特征的基础上，因地制宜地选择多元性的保护和呈现方式，避免同质化、模式化的表达，促使文化景观的多元化可持续发展。

（3）突出文化景观的动态性原则

文化景观是伴随着社会文明进步而发展的，呈现动态变化发展趋势。例如原始时期乡村聚落多出于生活生产的便利和安全而建立，逐水而居是为了更好的食物来源和便利的水利交通，聚落的大小也因人口数量而变化。在古代，人们为追求生活空间或躲避战乱而不断迁徙，人口流动的过程将原有的文化带入新的地方，外来文化在新的环境中生长，与当地文化交融互动。伴随着经济的发展、社会的进步、生活水平的提高，村庄聚落结构，建筑形态以及文化追求亦在不断更新中，形成了当下人们所能认知的文化形态。这种动态变化的特征，促使规划设计者在进行美丽乡村规划时，应该充分掌握乡村发展历史，了解文化变迁途径，才能建成既能传承传统文化精神又符合现代需求的文化景观。

2.2.3　文化景观元素的挖掘

文化景观元素是乡村文化记忆的具象化提炼和总结，包括场所、自然环境等实体符号和习俗、语言等精神符号。总体分为以下几点内容。

（1）文化符号元素

文化符号学家洛特曼和塔尔图—莫斯科符号学派认为象征是符号系统最为重要的概念，能够表达更高文化价值的内容。而这种内容模糊含混，往往只能通过具象的"文本"表达，"文本"可以是一首诗、一幅画、一个图形等等。在规划设计中可以以此为切入点具体应用，通过能指的具象要素表达所指的社会观念和情感趋向。比如，民族符号学认为语言、图案、图腾、色彩、声音和服饰6个能指表征能够表达象征意义、民族精神、民族情感和民族认同4个所指表征；红色文化符号为"红色符号、红色标语、红色文创"，这些表征具有革命历史意义的情感与认同。与此同时，区域的资源特征形成当地的文化特色，如以竹产业、丝绸等不同产业类型而形成的当地特色。将文化符号解构重组重新诠释应用到景观规划设计中，通过象征让居民和游客联想到文化的抽象内涵，引发情感的共鸣。

（2）生活生产的文化元素

生活生产所形成的文化元素，主要涉及民居建筑、传统节日、饮食文化、服饰与生活物件等生活表现元素，同时还包括生产方式、生产工具以及农作物等所构成的一种过程及农事生产的形式，均可以融入乡村规划，构建具有当地乡村生活生产氛围的乡村环境。

（3）与精神文明相关的文化元素

与精神文明相关的文化元素主要包括思想学术文化、神话传说、信仰与宗教文化等，影响到人们平时处世原则，生活工作态度等，从精神层面引导着人们的行为。例如我们中华民族共有的传统"尊师孝道"等，以及久而久之形成的"家国情怀"，以及不变的共产主义信念等。

2.2.4　文化景观在美丽乡村规划中的应用方法

因为乡村文化的地域性、多元性和动态性，以及特殊重大事件对景观的塑造，因此在美丽乡村规划过程中，必须要对在地文化进行深入挖掘，主要围绕生态环境、生活生产方式、村庄聚落特征、人文精神以及当地居民的诉求等展开，建立明确的资源分析构建，借助评价手段，分析乡村文化景观的主要特征，有序地进行开发与保护。

（1）现状调查

对规划区的现状调查是进一步分析评价的基础，它是规划中最基础的流程。现状调查的内容应该包含区位、交通、社会经济条件和资源四大方面。区位的分析要细致，能直观地体现规划地的周边环境和可利用发展的优势。交通分析要从外部交通和内部交通两个方面展开，外部分析有助于分析规划地外部客源等内容，内部分析则直接影响着规划的方案。社会经济条件则包含了小镇人口、社会组成、经济现状情况、产业发展情况等。资源概况应包含3个部分的内容，即自然资源、文化资源、总体资源。基于综合调研，针对文化资源的调查应该是分析的重点，还要注意非物质性的资源调查。在此基础上对调查对象的位置、情况、可利用程度进行记录，调查过程中还可使用对当地村民进行问卷调查等方式。

（2）资源评价

资源评价是对现状调查的分析判断，也是规划发展的前提，具体由景观资源分类、资源定量评价两部分构成。就文化资源分类来说，根据目标进行有针对性的分类。在合理的资源分类基础上进行资源定量评价，确定资源不同类型的分布情况、资源等级，进而分析出资源的可利用程度，初步判断每种类型的发展方向和规划目标。

（3）规划方法编制

美丽乡村规划分为两大部分：一是对规划区的总体规划，二是对文化的专项规划。总体规划应该从规划定位、总体规划布局、景观风貌规划、产业规划等方面进行，具体细化为分区规划、道路系统规划、建筑风貌规划、开发强度控制和重点产业等内容。文化专项规划应该从文化保护原则、文化空间规划、文化风貌规划、文化旅游产业规划3方面来展开。文化空间规划应包含区域空间规划、分区空间规划和旅游线路规划；文化风貌规划要从景观风貌规划、建筑风貌规划和公共基础设施规划3个方面切入；而文化旅游产业规划要从旅游活动规划、旅游产品规划、旅游餐饮规划和旅游住宿规划4个方面来进行；具体详细设计要从文化景观开发和公共空间的开发角度来设计，将文化发展背景融入景观。

PART 2
PRACTICAL APPLICATION
RESEARCH PART

第 2 篇　实践应用研究篇

案例 ①

培育畲族文化特色小镇的美丽乡村规划研究

——以江西龙冈畲族乡美丽乡村规划为例

1　畲族文化概述

1.1　畲族文化符号

1.1.1　畲族图腾崇拜

畲族人民对凤凰和盘瓠的崇拜亘古悠远，方清云认为图腾文化是精神文化的核心因子，其承载了畲族人民对畲族历史发展的记忆和想象。尤其凤凰图腾在服装、建筑、礼仪、习俗等中有诸多体现。可见畲族人民的生活与凤凰盘瓠密不可分，图腾形象在小城镇建设中也多有运用。

1.1.2　畲族文字符号

畲族有自己的语言，属汉藏语系。虽然畲族没有自己的文字，但是对一些名词有特定的符号，邱慧灵称其为"意符文字"，多作为传统图案编织于彩带上。现在这些"意符文字"已经成为许多畲族村落规划设计中的特色之处。

1.1.3　畲族服饰彩带

畲族传统服装以蓝色为基调，色彩浓郁厚重朴实。在畲族传统服饰中蓝色代表天空，绿色代表草地，红色代表太阳。女性的节日服装和头饰结合凤凰元素，称为凤凰装。畲族传统服饰融合民族文化种源，形成了底蕴深厚的民族风情。此外畲族传统手工艺最受欢迎的是彩带和竹编。编织的彩带又称合手巾带，花纹丰富多彩。

1.2　生活生产

1.2.1　畲族传统建筑

畲语称房屋为"寮"，包括茅寮、土寮、土楼等形式。由于畲族居民历史多在山中居住，因此畲族传统建筑多建在山坡向阳避风且临近水源的地方，以木结构泥墙，茅草顶或瓦片顶为主。

1.2.2　畲族传统节日

畲族节日主要有农历的二月二、三月三、农历四月的分龙节、五月五、七月初七等。"二月二"会亲节有200多年的历史，人们会在这天拜访亲友，互致问候。每年农历三月初三的乌饭节是畲族最盛大的传统节日，其主要活动是户外"踏青"，吃乌米饭，以此缅怀祖先。乌饭节往往在特色小镇规划的节庆活动中扮演了重要角色，通过歌舞表演、民俗表演等吸引游客，拓展旅游市场。

1.2.3 畲族特色美食

畲族人民自古以来多居住在山间，其食物来源自然也在山中，经过漫长时间的演变，形成了一些独具特色的典型食品。包括：菅粽子；乌饭，由乌饭树（畲语称乌枝）的嫩叶揭细，用汁浸糯米，煮熟后即成乌黑发亮的乌饭；山哈酒，畲族人用糯米酿的酒等。

1.3 精神文明

1.3.1 畲族文化传说

畲族是一个古老的民族，在不断迁徙的过程中流传下来许多隽永的故事传说。值得庆幸的是还留下了《高皇歌》这样具有传说性质的历史长歌，它记载了盘瓠与三公主隐居山林和盘、蓝、雷、钟四姓子孙等故事，反映了畲族族源与畲族人民的崇拜。

1.3.2 畲族祭祀文化

畲族游耕于大山之间，与外界接触较少，在漫长的迁徙过程中形成了独有的祭祀习俗。畲族祭祀主要分为祈福、驱邪、红白喜事等表现形式。具体有下火海，也称炼火，是一种集体的祈福仪式，一般在村庄的庙宇举行，将大量木炭堆起来燃烧，畲族法师赤脚在烧红的木炭上舞动祈福；传师学师，又名奏名学法，是一种怀念祖先，教育后代而世代相传的一种祭祀仪式，以舞蹈为主要表达形式；做功德，"做功德"又称"做阴"，畲族人民为逝去者"超度亡灵"，缅怀亲人。

2 畲族文化在景观规划中应用的案例分析

2.1 相关案例研究分析

浙江省景宁畲族自治县是全国唯一的畲族自治县，也是华东地区唯一的少数民族自治县。浙江省景宁畲族自治县规模大、发展经验成熟，对于畲族文化的景观应用有较为全面的借鉴意义，因此本书以此作为案例研究。

2.1.1 景区建设

中国"畲乡之窗"景区位于景宁县城西南的大均乡境内，2009年被评为国家4A级景区，是浙江省畲族风情采风基地。

2.1.1.1　景区建设策略

（1）凸显民族特色

从建筑景观、服饰工艺、民风习俗、餐饮住宿等各个方面将畲族文化渗透到游客的旅程中，展现原汁原味的畲族传统风貌。让游客全方位感受不同常日的民族文化的新鲜感和神奇感。将畲族传统建筑模式固化，在吃穿方面保持民族特色。

（2）增进民族氛围

传统民族服饰对于游客来说是一道靓丽风景线，能够简单直观地体现出畲族风情，推广民族服以增进民族氛围。景区的服务人员要先穿民族服饰，起到示范作用，继而鼓励村民逐步开始穿畲服，唱畲歌，佩戴畲族饰品，达到增强民族氛围的效果。

（3）保护历史建筑

保护畲族古民居，建设特色新民居。古街民巷既是大均村的交通要道，同时能够体现畲族历史的古韵风情，保护建设好历史建筑遗迹，对畲族文化研究有重大意义，亦是民族文化传承的精神支柱。

2.1.1.2　景区存在问题

（1）基础设施薄弱

旅游基础设施薄弱，配套设施不完善。游客在游玩时管理防范意识薄弱，道路狭窄，会造成游客的拥挤，存在景区治安问题。

（2）服务质量较差

景区内以农家乐居多，虽然村民淳朴善良热情好客，但是在旅游服务方面没有经过专业培训，缺乏良好的服务意识。很多方面还不规范，例如食品质量、住宿条件等。由于饮食住宿等习惯的不同，在短期相处中容易产生摩擦。又由于经营农家乐的村民没有经过专业的服务培训，不能很好地处理问题，容易给游客留下不好的印象。

（3）宣传力度不够

由于景宁本身经济欠发达，政府宣传力度欠缺，除了每年三月三的宣传，其他基本没有，广告投放较少，宣传形式也不够新颖，没有打开畲族文化旅游的市场。

2.1.1.3　案例借鉴

紧扣畲族文化主题，让每一个旅游项目和景观建设都围绕畲族文化展开。从前期的规划设计到后期的品牌运营都要以畲族文化为核心，突出民族特色。对于历史文化遗产和非物质文化遗产要予以重视和最大程度的保护，在旅游开发中保证是真实的畲族文化，不能走向文化庸俗化、商业化。在传承发扬畲族文化的基础上策划节庆活动、形成品牌效应，扩大宣传力度，完善旅游配套设施，提高景区服务质量，做到精品畲族文化游。

2.1.2　活动策划

景宁每年都举办畲族风情旅游文化节，规模宏大，类型丰富，包括大型文艺汇演，工艺品设计制作大赛以及好"畲"系列活动，如表2.1。通过电视报纸、网络媒体及微博、微信公众号等自媒体宣传，已经形成具有重要影响力的特色民俗文化品牌。

表2.1　景宁畲族自治县2018年三月三活动一览表

活动项目	活动地点
2018中国畲乡三月三活动开幕式暨大型文艺晚会	凤凰古镇（南门楼前）
第七届中国民族节庆峰会	景宁天元名都大酒店
2018第四届中国（浙江）畲族服饰设计展演	畲族文化中心广场
第二届中国少数民族（畲族）工艺品设计制作大赛	中国畲族博物馆
"网上畅游畲乡"系列体验活动	网络空间
中国好畲"茶"——第六届金奖惠明茶斗茶暨制茶工匠选树大赛	凤凰古镇（中段）
中国好畲"娘"——中国好畲"娘"评选活动	凤凰古镇（南门楼前）
中国好畲"艺"——畲族特色民俗文化展示活动	凤凰古镇（中段）
中国好畲"味"——"畲家十大碗"网络订餐推广活动	宾馆、农家乐及民宿
中国好畲"景"——"和美村寨"旅游大咖对话乡村振兴	相关国家A级旅游景区
中国好畲"技"——第十二届民族体育一条街	复兴西路
中国好畲"音"——畲族民歌全国征集活动	县文化馆
中国好畲"舞"——畲族精品广场舞展示活动	凤凰古镇（南门楼前）
中国好畲"品"——畲族特色旅游商品一条街	凤凰大道东段
中国好畲"画"——"敕木山"畲族民间绘画作品展系列活动	县民族青少年宫

2.1.3　景观营造

一踏入景宁畲族自治县的地界，立马能够感受到浓郁的畲族风情。这主要归功于畲族文化景观营造。畲族凤凰图腾、文字符号、历史传说等文化元素通过各式各样的景观小品呈现在游客的眼中，润物细无声地传递着畲族风情。

（1）雕塑景墙

在景宁车站、文化广场等场所建造大型文化景观雕塑、文化景墙及文化柱，将畲族文化历史形象化地展现出来，形成标志性景观，如图2.1~2.3。

图2.1 雕塑

图2.2 文化景墙

图2.3 文化柱

（2）路　灯

　　道路两旁的路灯及庭院灯都与畲族文化元素相结合，将凤凰图腾印在灯罩上或制作凤凰样式的灯柱。通过形式各异富有民族特色的路灯烘托出浓郁的民族风情，如图2.4。

图2.4 路灯

（3）地面铺装

　　将畲族故事传说制作成地面浮雕，让游客更为直观地欣赏畲族文化。铺装也可以通过简单的黑白鹅卵石拼出畲族字符图案，彰显畲族特色，如图2.5、图2.6。

图2.5 地面浮雕

图2.6 铺装图案

（4）景观小品

将"畲"字、畲族字符以及凤凰图腾等具有畲族文化特色的元素与花箱、栏杆等景观小品结合，从细节之处体现畲族文化，营造强烈的民族文化氛围，如图2.7~图2.9。

图2.7　花箱　　　　　图2.8　"畲"字　　　　　　　图2.9　栏杆

（5）标识标牌

将畲族凤凰图腾和字符图案与标识标牌的设计结合，打造具有民族特色的标识，在城镇建设中形成民族文化体系，如图2.10。

图2.10　标识标牌

（6）基础设施

将畲族文化元素融入井盖、店铺招牌、游客接待中心、报刊亭、公交站台等设计之中，让畲族文化氛围弥漫在每一个角落，如图2.11~图2.15。

图2.11　井盖　　　　　图2.12　店铺招牌　　　　图2.13　游客接待中心

图2.14　报刊亭　　　　　　　　　　图2.15　公交站台

2.1.4　建筑文脉

（1）还原传统建筑形式

传统的茅寮已经不适合当今居住生活，但可以作为纪念商品的售卖点，从外形上一下子就能吸引游客的眼球，通过参观实体建筑的结构形式，激发游客对畲族文化的好奇心，通过兴趣引导游客走近畲族文化，如图2.16、图2.17。

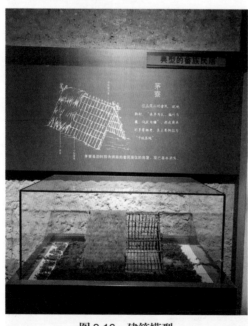

图2.16　建筑模型　　　　　　　　　　图2.17　传统建筑

（2）保留门楼

在各个景点保留或新建畲族传统门楼，给游客以进入民族风情旅游区的仪式感，同时强调了畲族民族特色，如图2.18、图2.19。

图 2.18　大均古镇门楼

图 2.19　畲乡之窗门楼

（3）新式民族特色建筑

　　将传统建筑的结构形式与现代建筑相结合，传统建筑元素充当了一种装饰效果，在满足日常居住使用便捷性的基础上，还能表现出畲族文化特色，如图2.20、图2.21。

图 2.20　中国畲族博物馆

图 2.21　建筑外立面

2.1.5　文化保护

　　建立中国畲族博物馆和畲银博物馆，向公众免费开发，鼓励学习了解畲族文化。在博物馆内通过器具展示、文字语音解说、体感游戏互动等形式介绍畲族文化历史，同时有手工艺者着传统服饰现场演示刺绣彩带工艺，给人以新奇感，如图2.22。在畲银博物馆不仅展示传统银制工艺品，还可售卖，款式多样，品质优良。

图 2.22　彩带工艺演示

2.2　同类型畲族乡对比分析

2.2.1　对比分析

　　该研究选择了浙江省1个畲族乡、1个畲族县和江西省内6个畲族乡，从区位、面积、资源特色、主题定位、功能定位等方面进行对比分析。表2.2显示，按资源特色来分类形成了自然景观、文化景观、乡土风情等类型；主题定位主要有养生度假、民族文化旅游、乡村休闲旅游以及自然探险旅游；各个畲族乡都是紧扣畲族文化发展，根据地域的自然资源禀赋，有侧重于文化旅游或乡村旅游或休闲度假等。

　　然而，在功能定位中仅浙江丽水景宁畲族自治县和浙江温州畲族乡提出集民族文化休闲、旅游度假、康体运动、乡村休闲等功能于一体的模式，而江西省6个畲族乡更注重乡土风情等文化为主体，忽略了畲族文化的融入。

表 2.2 同类型畲族乡对比分析表

序号	名称	区位	面积	资源特色	主题定位	功能定位
1	景宁畲族自治县	浙江丽水	1950 km²	瓯江自然风光、畲乡风情表演、漂流、惠明寺、大漈柳杉王等	养生度假、漂流旅游、民族文化休闲、乡村休闲	集民族文化休闲、旅游度假、康体运动、乡村休闲等功能于一体
2	竹里畲族乡	浙江温州	47 km²	森林、花海、田园风光、民宿、竹木展馆、畲族美食、民族文化	融历史文化、民族风情和自然生态风光为一体的综合性景区	集民族文化休闲、文化旅游、休闲度假、乡村休闲等功能于一体
3	东固畲族乡	江西吉安	243 km²	乡土风情、活立木、毛竹资源丰富等	乡村休闲旅游	以乡土风情为重点的乡村旅游
4	赤土畲族乡	江西赣州	157 km²	赤土河、风雨桥、惠风亭、特色美食、畲族歌舞、民俗表演等	以花园特色村寨为重点的乡村旅游	文化体验、生态观光、休闲、度假、运动
5	篁碧畲族乡	江西上饶	81 km²	森林、竹海、传统建筑群落	生态休闲度假、民族特色旅游	篁碧十八坑茶叶和篁碧豆腐产业发展、文化旅游、休闲、度假
6	樟坪畲族乡	江西贵溪	28 km²	森林、毛竹、特色美食、歌舞表演等	民族特色乡村旅游	文化体验、生态观光、休闲、度假、运动
7	太源畲族乡	江西上饶	78 km²	水美河、明清古街道、特色村寨、鹅湖书院等	生态文化休闲度假、民族文化旅游	汇聚文化体验、乡村休闲休闲度假等多元业态于一体
8	金竹畲族乡	江西抚州	248 km²	金竹瀑布群、大龙山原始森林、毛泽东旧居、畲族民俗文化等	自由式深度生态探险旅游、休闲避暑旅游、文化旅游	峡谷探险、文化旅游、休闲度假

2.2.2 文化特征分析

江西省6个畲族乡，分布在江西省北部、南部、东部以及中部地区。龙冈畲族乡与东固畲族乡同位于江西省中部的吉安市。龙冈畲族乡周边的旅游休闲度假类产品市场竞争激烈，开发良莠不齐，缺乏主题鲜明的休闲度假旅游项目品牌。而江西省其他的畲族乡有依托优越的自然条件结合民族文化开发生态旅游和民族特色的文化旅游（如金竹畲族乡、篁碧畲族乡）；有依托古建筑和特色村寨打造具有历史感的文化旅游（如太源畲族乡）；或通过旅游项目建设和节庆活动推动民族特色的文化旅游。总体来说，江西省的畲族乡自身条件优越，民族风俗保存较好，在旅游开发中积极应用畲族文化，结合当地自然人文条件，形成独具特色的民族文化旅游。

2.3   畲族乡建设中存在的问题

通过文献研究以上案例比较发现，畲族乡在推进乡村规划过程中，还存在以下问题。

（1）民族特色不突出

大多畲族村落旅游资源丰富，但经过长期汉化，民族特色逐渐消失，畲族文化的应用存在庸俗化、表面化的问题，在建设过程中容易出现千城一面的现象。畲族文化型特色小镇规划要重点突出文化特色，在建筑立面改造、景观提升、体验型旅游项目策划、旅游配套服务设施等方面要渗入畲族文化元素，让游客能够感受浓厚的畲乡风情，打造具有竞争力的民族特色小镇。

（2）文化保护意识薄弱

畲族村落大多地理偏僻，经济落后，大部分年轻人外出务工，当地老人儿童对于畲族文化的保护意识较为薄弱，对传统民族文化的继承与发扬也不够重视。当地畲民和汉民一起生活多年，从日常饮食、乡风民俗到建筑风格都与汉族大致相同。目前说畲语，唱畲歌的人一个村子只有一两个，且他们平日外出打工，并没有传承者。由于传统工艺的繁琐，目前也没有当地居民继承彩带刺绣等工艺。当地居民还没有意识到传统畲族文化对于小镇建设的重要性，以及民族文化的独特性与经济发展的可能性之间相互转换的关系。

3   基于打造旅游特色小镇为目的的畲族文化在乡村规划中的应用

特色小镇是在美丽乡村建设基础上，重点突出产业、社区以及园区的打造，目的是对已建成的美丽乡村的产业、文化的提升。本章目的在于研究为培育特色小镇而开展畲族文化在美丽乡村规划中的应用。主要是针对畲族乡特有的畲族文化资源，通过挖掘和利用，以其形成旅游资源并应用到乡村规划中，明确目标、原则与应用手段，建设以畲族文化为主题的美丽乡村，并且将畲族文化与旅游特色小镇景观规划蓝图相融合，目标培育以畲族文化为旅游产业的特色小镇。为民族文化与特色小镇景观规划建设提供依据。

3.1   畲族文化在规划中的应用目标

文化是中华民族的精气神，少数民族文化是中华民族文化重要组成之一。文化资源与自然资源有机融合，达到生态人文旅游，通过产业推动畲族旅游风情特色小镇的发展。围绕畲族文化进行全面规划设计，突出民族文化特色，让景观小品、公共建筑、服务设施、基础设施等等都融入畲族文化基因，营造浓郁的畲族风情。采取分区、分级、分类的文化保护策略，统筹建设一批龙冈畲族乡传统表演艺术类、传统技艺类、传统民俗活动类非物质文化遗产项目保护利用设施，大力发扬畲族文化特色，实现特色乡村的经济发展。

3.2 畲族文化在规划中的应用原则

3.2.1 以人为本原则

文化是人的文化，文化的应用也是为了人。以人为本从人的角度出发，做人性化的设计，保障人的权益，才能保障文化的发展。将畲族文化融入人们的生活中，将消防防洪综合防灾规划、公共活动空间以及酒店、商业、游客服务中心等配套规划对于营造一个宜居、宜业、宜游的空间非常必要。

3.2.2 突出特色原则

充分尊重地域文化，发挥畲族文化的优势，在城乡建设和旅游发展中突出畲族文化特色，彰显特色小镇畲族文化内涵。还要保留畲族乡土特色和田园风光，通过乡土材料和民族文化元素的应用，在景观小品、建筑、基础设施等方面全面突出地表现民族文化特色，展现乡村文化魅力。

3.2.3 文化保护原则

在旅游开发的过程中避免滥用文化导致庸俗的民俗旅游甚至破坏原生文化。在保护历史文化遗迹和文化资源的基础上，继承发扬畲族传统文化，提升传统民族精神，形成当地居民和游客对畲族文化的认同感。

3.3 畲族文化在规划中的应用策略

3.3.1 文化景观的营造

（1）文化空间营造

传统景观的空间营造讲究对景、借景、障景等，通过特定的景观和特殊的布局体现空间意境。而特色小镇的空间尺度较于传统古典园林要大得多，但是空间营造的内核是一样的，都是讲究意境美和节奏感，通过空间韵律塑造精神文化空间。

在美丽乡村整体布局上遵循疏密得当，层次错落的原则，分布距离合理、规模适宜、风格统一的节点，如畲族文化体验园、畲族博物馆、畲族风情酒店等，在大的空间上体现畲族文化主题。各节点之间穿插一些畲族文化小品，让畲族文化氛围富有节奏感地充斥着整个特色小镇。最终形成整体空间张弛有度，节点空间丰富多元的畲族文化景观风貌。

（2）建筑文脉体现

民族建筑蕴含着古老民族的智慧、历史变迁和习俗特征等等，在漫长岁月中保留下来的独特建筑形式仿佛一种语言诉说着畲族文化的涓涓历史。建筑文脉体现了当地的自然环境特征和文化基因以及畲族人民的价值取向。人们从满是现代建筑的城市来到旅游风情特色小镇，渴望放松心灵，感受民族风情。建筑文脉能够直观地给予游客鲜明的民族风情体验，品味建筑的文化内涵，感受文化的精神内核。

畲族传统建筑依山而建，称为"寮"。建筑主体用树枝搭建，以茅草覆顶。或以泥巴夯墙，瓦片覆顶。这样的传统建筑在现代居住使用中多有不便，但对于旅游来说却是一项宝贵的资源。依据文献资料和建模尝试还原历史民族建筑作为科普展示，总结归纳畲族建筑特点，将建筑文脉融入现代建筑，建设富有畲族文化特色且便于使用的现代建筑作为畲族酒店、畲族博物馆、农家乐、民宿等等，通过建筑文脉体现畲族古老而神秘的文化底蕴。

（3）沉浸式文化氛围

沉浸式通常指的是如同置身于虚拟世界中获得完全沉浸的体验。将这一理念融入畲族文化景观的表达之中，给游客带来更为震撼和新奇的感受。在可见的场景中设置畲族文化景观小品，同时利用VR技术和手机端扫描获取畲族趣味小故事，参与畲族文化知识小竞答。还能联网与每一个参与的游客比较互动。实的景观，虚的情景，虚实结合营造以畲族文化为核心的沉浸式文化氛围，以此引导游客感受畲族文化内涵，喜爱畲族文化，达到更好的文化传播效果。

3.3.2 文化体验的打造

（1）利用新材料新技术，新颖展现文化

随着时代的进步，科技世界日新月异，各类新材料新技术层出不穷。如利用发光材料（纳米稀土、碱土铝酸盐等）通过LED技术和玻璃灯带技术等铺设夜光跑道；通过光电转换技术，塑造互动式景观小品；通过人行走活动收集能量转换成电能支持景观小品的运营；通过按压装置触发声音的音乐小品等。将声、光、电、力等能源相互组合转化，然后与畲族歌曲、图腾、编织工艺、神话传说、建筑结构模型等元素相结合，创造形式新颖的畲族文化景观小品。突破传统的文化表达方式，寻找有趣的景观形式，不仅是吸引游客的创新点，同时能够达到更好的文化展示宣传效果。

新材料新技术的出现为设计师提供了全新的设计思路，为游客提供了新的体验感受，提供了新的审美价值观。在设计中要大胆尝试摸索新材料新技术，碰撞出艺术思维的火花。同时将文化融入新材料新技术，通过能源转化实现低碳生态景观，达到文化的可持续发展。

（2）增添活动形式，互动体验文化

人们在旅游过程中更为期待户外的活动，所以文化的表达不能拘泥于文字与图画的形式，要将文化融入每一个细节，寓教于乐。景观小品可采用交互式的体验性文化景观小品，通过声影等变化或电子装置等引导人们逐步了解学习畲族文化，甚至可以利用畲族文化设计小游戏通过高科技感应设备达到文化与人的互动。从认识到多感官体验，全方位体验畲族文化。

丰富活动形式，将畲族民俗和特色工艺融入节庆活动，让游客参与其中，通过浓厚的文化氛围感染游客。例如参与制作山哈酒，学习编织彩带，与畲民一起跳舞唱歌玩传统体育游戏等等。通过"三月三"传统节庆活动吸引游客在特色小镇感受浓郁的畲族风情。

将畲族文化融入旅游服务体验，提供网络平台让游客和畲民提前沟通交流、预约时间，让畲民着传统服饰以畲族习俗欢迎远道而来的客人。在景点安排畲民讲解当地历史故事，介绍畲族文化，提供人性化个性服务。同时设置智慧导览系统、页面体系选择畲族风情特色，统一标识，凸显畲族风情品牌特色。

（3）创造旅居空间，深度感受文化

随着物质条件的提升，人们出行频率提高，旅游逐渐从娱乐方式成为一种生活方式，乡村旅游正在向乡村旅居转变。通过旅游风情特色小镇的自然环境、民族风情、文化底蕴、淳朴乡风等自然人文资源，提供静谧自然、放松休闲、沉静健康的旅居环境。让游客远离城市喧嚣，在特色小镇之中慢慢体验自然生活状态，享受"采菊东篱下，悠然见南山"的精神慰藉。

针对时间自由的老年人，将畲族文化融入旅居，与中医养身、自然疗养、文艺鉴赏等功能结合开发具有历史文化特色的旅居养老项目，充分丰盈老年人的精神世界，提高老年人物质生活条件。受工作家庭限制的青年人则可以避开节假日里人满为患的景点，小长假或周末到位于城市远郊或乡村的特色小镇感受短期的旅居生活，享受片刻的宁静，对于逃离城市快节奏生活也不失为一个好的选择。打造具有畲族风情的农家乐和客栈民宿，喝山哈酒吃乌米饭，在一饭一蔬之中感受原汁原味的畲族生活，在旅居生活中体验畲族传统民俗农事活动。通过文化旅居的生活方式，暂时忘却工作生活的烦恼，简单享受畲族特色风情，深度感受畲族文化。

3.3.3　文旅产业的建设

（1）创建品牌营销

在信息爆炸的年代，酒香仍怕巷子深，开展品牌营销，确定形象定位对于提升旅游风情特色小镇知名度不可或缺。形象定位对于规划设计是最基本的内容，有助于确立特色小镇的发展方向，对于特色小镇品牌营销也是一张名片。准确有力的形象定位和宣传口号通过媒体的传播，能够给人留下更深刻的印象，以便抢占市场先机。

畲族村落自古多在山间，其文化传播受地理因素限制，多为口口相传，速度慢，范围小。所以畲族文化一方面不被大众熟知，一方面具有神秘新鲜的特质。在营销宣传上可以好好加以利用。首先要突出畲族文化内涵，增强核心竞争力。其次要制订一套自己的标识系统，在微博、微信公共号、报纸、广告等宣传媒介上统一标识和形象，形成品牌效应，加强形象特征，通过品牌辐射，带动经济发展。除了传统媒体和新媒体宣传外，还要创新营销方式，例如设计畲族特色伴手礼、书籍、地图等，将特色民俗融入节

庆活动之中。在信息化的时代通过互联网品牌营销，不仅要揭开畲族文化的神秘面纱，还要快速扩大畲族文化的影响力。

（2）丰富旅游项目

特色产业是特色小镇成为推动国家供给侧改革载体的重要依托，不需要面面俱到。选择特色小镇的优质资源发展为主导产业能够激活小镇经济，带动整体发展。在文旅融合盛行的背景下，"文化+旅游"的模式无疑是最适合畲族旅游风情特色小镇的。

畲族村落依托自身的天然优势畲族文化，围绕旅游要素"吃、住、行、游、购、娱"合理开发旅游项目，打造"宜居、宜游、宜业、宜文"的旅游风情特色小镇。让游客能够留下来品尝畲族风味美食，游玩畲族乡村美景，体验畲族民居住宿。将畲族文化深度融入旅游项目，策划"文化+研学""文化+康养""文化+饮食"等旅游项目，为游客创造机会和条件消费，增添畲族居民收入形式。开发文化创意产品，吸引本地人才回流，也欢迎对畲族文化创意产业有兴趣的外来人口加入，通过人才激发小镇活力。结合当地乡村特色资源，旅游产业领头，第一、二、三产业联动发展，共同推动小镇发展。

（3）完善基础设施

完善基础设施是保障特色小镇持续活力的支撑，便捷舒心的服务设施品质能够提升特色小镇品牌口碑，吸引游客再次到来。合理规划给排水工程、电力电信工程及亮化工程，保障游客的基本需求。完善教育设施、养老设施、医疗设施、体育设施等，提高特色小镇居民生活质量。交通系统要对现有的道路进行整理疏通，改变自然村道路未贯通的落后状况。根据景观节点设置主干道和支路，打造特色小镇游线，加快旅游业发展。公共场所通过游憩设施、文化墙、雕塑等景观小品提升特色小镇景观面貌，突显畲族特色。环卫建设方面严格实行垃圾分类，设置一个垃圾集中收集点，统一管理，专人收集，日产日清。旅游公厕根据畲族建筑风格及畲族特色选择适合的造型，形成独特民族风情景观。

3.3.4　文化保护的措施

（1）以保护为前提精品开发

在过去的民族文化旅游发展中有许多庸俗化、商业化的问题。将民族图腾神话传说生搬硬套，夸大其词。更有甚者为了迎合游客无中生有，制造"伪民俗"，粗制滥造的小工艺品也充斥着旅游市场。这对文化无疑是一种过度开发利用，而中国人民的审美情趣日渐提升，光有噱头再也不能满足游客需求了。旅游风情特色小镇规划中文化的应用应强调"精品"二字，拒绝庸俗化，发展与保护并行。

在规划过程中坚持淳朴天然的原则，去商业化。节庆活动、民俗表演等尽可能贴近自然生活状态，通过畲族淳朴的民风民情去感染游览者。畲族旅游风情特色小镇售卖的商品不同于其他地方的商品，从小纪念品到服饰工艺品都需要有鲜明的畲族特色和浓厚的纪念意义。许多旅游地区多售卖吸引眼球的网红食品，不仅没有民族文化底蕴还会拉低文化品质，这一做法对于整个文化区域的长期打造得不偿失，民族饮食还应当是当地特色食物。当地畲族居民应保有部分传统衣饰和传统生活习俗，增添民族风情的本真性。习俗表演者应是真正熟悉民族风情的当地居民，不应是单纯的表演者。保护民族文化要做到从人、物到活动，均以原汁原味的畲族风情呈现给游客，保证淳厚纯净的民族文化氛围，提升文化内涵的品位，实现民族文化旅游的可持续发展。

（2）挖掘核心特色，追溯历史

特色是民族文化旅游的生命线，从城市到小镇来的人，总是希望看到一些不一样的东西。古老而又富有神秘感的民族特色能够最大程度地激发游客的热情。作为设计师需要深入挖掘当地文化资源，提取可利用的畲族文化元素，打造特色鲜明的旅游风情特色小镇。

紧紧抓住畲族文化，追古溯源，灵活应变，大用特用。让畲族文化元素融入景观小品、公共服务设施、招贴标识等方面统筹发展，不断地刺激游客的感官，强化民族风情体验。以期游客了解畲族文化，认同当地民族特色，喜爱畲族风情。另外修建博物馆，展示畲族历史变迁、民风习俗、特色服饰等等，同时也为特色小镇提供公共活动空间，加强人与人之间的联系。注重生态环境，通过特色小镇为当地居民营造良好的人居环境，让畲族文化不仅在游客面前书面呈现，而且在畲民之中活化宣扬。

（3）扭转观念，传承发扬

对文化的保护一方面是设计者的努力，一方面也需要当地居民在思想观念上对传统文化的重视。畲族与汉族长期居住的过程中，逐渐丧失对传统技艺的传承。传统技艺多复杂繁琐，学习成本大，收益慢，因而大部分少数民族居民更愿意去城市打工赚钱，导致人口外流现象严重，传统文化无人传承。文化的传承离不了人，畲族居民应该是畲族文化传播的中坚力量，所以在规划过程中首当其冲的应该是唤醒畲族居民的自豪感和推动民族群体认同。政府管理者可以适当给予一些政策补助，支持鼓励居民或外来人才学习继承发扬畲族传统文化技艺，如学习唱山歌，编织彩带等。设计者应当通过合理的盈利旅游项目，让畲民从中切实获利，感受到传统文化带来的实惠，不断增加学习和传播文化的兴趣，进而享受文化带来的精神愉悦，最终增强民族认同感。

管理者、设计师和当地畲民三者的努力缺一不可，只有畲族居民对传统民族文化足够重视，不断地继承弘扬民族文化，畲民才能通过民族文化获得更多的实际利益，继而推动乡村经济发展，形成一个良好的经济发展循环。

4　江西龙冈畲族乡旅游风情特色小镇规划实践研究

4.1　规划衔接

　　《吉安市旅游业发展"十三五"规划》提出推动文化旅游发展，整合区域文化资源和自然禀赋资源，积极探索"文旅融合"发展新途径。在《永丰县城镇"十三五"规划》中，龙冈畲族乡属于文化旅游休闲区，着力构建产业支撑有力、生态环境优良、功能设施完善的特色小镇。《永丰县龙冈畲族乡总体规划》提出要在吉安市旅游产业发展的趋势下大力发展"红、蓝、绿"特色旅游。面向旅游市场，加快龙冈的特色旅游资源开发，逐步建设成"一个中心（龙冈集镇区）、三种文化（红、蓝、绿文化）、四大主题（水秀山奇、田园农家、红色历史探索、蓝色民俗体验）"。

　　江西龙冈旅游风情特色小镇规划通过龙冈独特的自然与人文景观资源，打造畲乡"红、蓝、绿"特色旅游。创意策划龙冈畲乡独具魅力的村寨、歌舞、服饰、美食、工艺、习俗等民族风情，规划建设畲乡风情园，开发蓝色风情旅游产品。以"蓝色为韵、红色为魂、绿色为底"，展示龙冈畲族乡多彩的文化，打造红蓝绿复合型旅游区。

　　备注说明：该项目来自于龙冈畲族乡，从行政范围看属于乡村范畴，是基于畲族乡畲族文化基础上建立的以旅游为目的的美丽乡村规划。该规划基于甲方要求，以打造畲族风情特色小镇为主旨，目标是构建以畲族文化为主题的美丽乡村，因此研究基础和措施等，均围绕畲族文化景观如何应用于美丽乡村规划、乡村振兴战略实践而展开。

4.2　项目概况

4.2.1　区位交通概况

　　江西龙冈畲族乡位于江西省吉安市永丰县县境南部，东接抚州市、南临赣州市，是吉安市、抚州市、赣州市三市的交界处。龙冈畲族乡辖有1个社区居委会、10个行政村，总人口1.54万人，其中畲族人口0.43万人，以羊石、胜丰、表湖3个畲村居多，以雷、蓝（兰）两姓为主。村民的经济收入主要来自蔬菜和林业，部分来自经商和外出务工。2016年，全乡实现财税收入1760万元，农民人均纯收入达到12389元。

　　龙冈畲族乡对外北接G1517国道，南接G72国道。龙冈北接S215省道，西部接S223省道至赣州市、北部接S319省道至福建省。境内县道从北到南贯穿，沿县道往北走是上固乡，距莆炎高速路出口10km，交通较为便利，但连接的公路等级低。内部交通主要为S219，5.0m宽，为双车道，道路交通体系相对较为完整。

4.2.2　资源条件概况

4.2.2.1　生态自然资源

龙冈资源丰富。森林覆盖率达78%，主要有松、杉、竹、樟、楠等树种。龙冈茶油名声远扬，曾获得华东地区生产先进单位的荣誉。境内珍稀动物繁多，古树名木参天，清澈秀丽的孤江河穿境而过，清泉小溪穿梭于山峦之间，形成了独具魅力的绿色生态。

4.2.2.2　革命人文资源

龙冈具有光荣的革命传统，第二次国内革命战争时期，这里是反第一次大"围剿"的主战场。乡域内红色旅游资源丰富，如革命烈士纪念碑、反第一次大"围剿"纪念馆、毛泽东旧居、万功山红旗碑、毛家坪集中缴械地等，这些遗址保存情况良好，是龙冈一笔宝贵的旅游和红色教育资源。

4.2.2.3　畲乡风情资源

龙冈是畲族同胞聚集地，全乡共有总人口1.54万人，其中少数民族人口901户4250人，如图4.1显示，龙冈畲族乡畲族文化资源丰富，分布均匀。畲族民风纯朴，热情好客，风俗独特。畲族人民自古居于山中，热爱蓝天白云，传统服饰多为蓝色，因此形成了淳厚的"蓝色民俗"风情，以蓝色为畲族的代表颜色。

图 4.1　资源分布图

（1）畲寨大门

龙冈畲族乡畲寨大门建筑风格是根据畲族的起源"盘瓠王"和畲族崇凤的理念，由抽象的形体组合而成的"龙头凤尾"的畲族特色建筑；仿古城墙包含艺术浮雕和

"五龙亭"，以写实的表现手法，向世人告诉畲族的历史、民俗风情和龙冈的发展变化轨迹。

（2）畲村广场

龙冈畲族乡镇府旁的龙凤广场东西两面各有一个标志性雕塑。凤是畲族图腾，龙是汉族图腾，意喻畲汉团结，"龙凤广场"即由此来。在东面的凤广场上矗立着4根高6m、直径1m的褚红色石柱，石柱上雕刻着精美的传统畲族图腾，记述着畲族科的起源，是表达畲族文化的重要建筑标志。

（3）雷姓氏（下樟畲族村）

江西龙冈旅游风情特色小镇规划范围包括下樟村，下樟畲族村位于美丽的孤江河畔，聚集在这里的15户70余人畲族群众全部姓雷，于同治十年从福建迁居于此。这里有雷氏的冯郡祖堂。祖堂里供有畲族世代传唱《高皇歌》和畲族祖图，这是40多个画家在一幅30多m长的布帛上用画笔把《高皇歌》这一传说，以连环画的形式绘在画卷上，世代珍藏。这些图片是从武汉中南民族大学的畲族博物馆里珍藏的一幅祖图复制而来的。

（4）综合文化站

龙冈畲族乡将综合文化站和培训学校集中在团结会堂。团结会堂建筑为畲族风格，集召开大型会议、对外演出、图书借阅、技能培训等功能于一身。综合文化站自成立以来，成绩斐然，集成"10个1"向社会展示龙冈文化，即：1个网站（龙冈民族网）；1首乡歌；1本书（走进龙冈）；1个业余剧团（21人）；1支舞蹈队（16人）；1支腰鼓队（14人）；1支蹴球队（16人）；1支山歌队（6人）；1个畲族民俗文化研究会；1份报纸（民俗文学报）。业余剧团现编排的节目达10个小时，所有节目均自编自导自演，每年演出40场以上，观众2万以上人次。团结会堂是对外展示交流龙冈文化的重要平台。

（5）"三月三"乌饭节

龙冈畲族乡的一年一度乌饭节有畲族山歌比赛、划龙舟比赛、畲族特色小吃制作比赛、畲族歌舞表演、畲族民俗表演等，村名参与度高，日游客量达2万人次。龙冈畲族山歌与畲族刺绣列入省级"非遗"名录，畲族禾杠花列入市级"非遗"名录。可见龙冈畲族乡的畲族文化习俗保存情况较好，具有开发价值。

4.2.2.4 旅游资源

（1）依据类型分

根据国家旅游局颁布的《旅游资源分类、调查与评价》（GB/T18972—2003）中关于旅游资源8个主类、31个亚类和155个基本类型的分类方法，规划工作组在实地调查和资料分析的基础上得出，龙冈旅游资源拥有7个主类、11个亚类、31个基本类型，具体分类见表4.1。

表 4.1　龙冈旅游资源分类汇总表

主类	亚类	基本类型	资源名称	备注
A地文景观	AA综合自然旅游地	AAA山丘型旅游地	万功山	龙冈畲族乡
B水域风光	BA河段	BAA观光游憩河段	孤江	龙冈畲族乡
C生物景观	CA树木	CAA林地	樟树林	龙冈张家车村
			农家果园	龙冈王家城村
		CAB丛树	翠竹林	龙冈下樟畲族新村
		CAC独树	千年古香樟、百年枫树	龙冈畲族乡
			胡椒树	龙冈中学
			笔架枫	王家城村
	CC花卉地	CCB林间花卉	油茶林深	龙冈畲族乡
E遗址遗迹	EB社会经济文化活动遗址遗迹	EBA历史事件发生地	万氏宗祠	龙冈城功、上村
			张家宗祠	张家车村
		EBB军事遗址与古战场	国民党军队缴械处	毛家坪
			活捉张辉瓒处	龙冈万功山
			张辉瓒临时军事指挥部	龙冈万氏宗祠
			第一次反"围剿"主战场	龙冈畲族乡
			五龙戏珠战斗遗址	龙冈畲族乡
			第一次反"围剿"纪念馆遗址	龙冈秤砣寨
F建筑与设施	FA综合人文旅游地	FAC宗教与祭祀活动场所	螺峰古寺	龙冈张家车村
		FAE文化活动场所	团结会堂	龙冈畲族乡
		FAF建设工程与生产地	百亩油茶林	龙冈畲族乡
		FAG社会与商贸活动场所	龙冈集贸市场	龙冈畲族乡
		FCC楼阁	革命烈士纪念亭	龙冈秤砣寨
		FCH碑碣(林)	第一次反"围剿"纪念碑	龙冈秤砣寨
			万功山红旗碑	龙冈畲族乡
			敌军缴械处纪念碑	龙冈毛家坪
		FCI广场	龙凤广场、红色广场	龙冈乡政府附近
	FD居住地与社区	FDA传统与乡土建筑	龙冈畲族乡、张家车村、王家城村	龙冈畲族乡
		FDD名人故居与历史纪念建筑	毛泽东旧居	富家车村
			苏区中央局机关遗址群	张家车村

（续）

主类	亚类	基本类型	资源名称	备注
G旅游商品	GA地方旅游商品	GAA菜品饮食	腐乳、纯天然蜂蜜、茶油、七层糕、仙元豆腐、蒜子包、搅擂茶、炒兰花根	龙冈畲族乡
		GAB农林畜产品与制品	龙冈灰鹅	龙冈畲族乡
		GAC水产品及制品	鱼包子	龙冈畲族乡
		GAD中草药材及制品	灵芝、食用菌	龙冈畲族乡
		GAG其他物品	纪念主题书籍、纪念主题图文资料、游览图等	龙冈畲族乡
		HAA人物	毛泽东、朱德等	龙冈畲族乡
		HAB事件	第一次反"围剿"	龙冈畲族乡
H人文活动	HC民间习俗	HCA地方风俗与民间礼仪	畲族民俗	龙冈畲族乡
		HCB民间节庆	畲族婚俗、丧葬、信仰	龙冈畲族乡
		HCC民间演艺	木马舞、禾杠舞、打狮、唱板	龙冈畲族乡
		HCD民间健身活动与赛事	蹴球	龙冈畲族乡
		HCH特色服饰	畲族服饰	龙冈畲族乡
	HD现代节庆	HDB文化节	"三月三"乌饭节、六月六吃新节	龙冈畲族乡
		HDC商贸农事节	满仓节	龙冈畲族乡

（2）依据等级分

依据国家标准，采用规划组及征求相关专家打分方式，对该规划地旅游资源定量评价。并按照评价总分值由高到低分级，共分为五级，五级旅游资源称为"特品级旅游资源"，五级、四级、三级旅游资源被通称为"优良级旅游资源"，二级、一级旅游资源被通称为"普通级旅游资源"。评分等级如下：

五级旅游资源，得分值域≥90分。

四级旅游资源，得分值域≥75~89分。

三级旅游资源，得分值域≥60~74分。

二级旅游资源，得分值域≥45~59分。

一级旅游资源，得分值域≥30~44分。

此外还有：未获等级旅游资源，得分≤29分。

通过优良级旅游资源评价，龙冈畲族乡有五级旅游资源2处，第一次反"围剿"战斗遗址群和畲族"三月三"乌饭节；四级旅游资源5处，为张家车苏区中央局机关旧址群、富家车毛主席旧居、秤砣寨、万功山、孤江；三级旅游资源6处，为张家车毛主席旧居、毛家坪集中缴械地、张家车古樟树群、王家城村果园、五龙戏珠、下樟畲族村。

4.2.3　江西龙冈畲族乡机遇与挑战

（1）资源丰富，位置优越

龙冈生态环境优美，森林覆盖率高，孤江饶乡而过，沿江景色宜人，风光秀丽，"红、蓝、绿"（红色历史、蓝色民俗、绿色生态）三色交相辉映，旅游资源丰富。龙冈畲族乡距莆炎高速路出口10km，外部交通便利，内部道路联通成网，具备旅游开发的地理位置优势。

（2）建设基础条件较差

龙冈畲族乡是吉安市永丰县唯一的畲族村落，但畲族文化体现较少。集镇范围内建筑以及广场结合了畲族文化元素，如凤凰图腾的雕塑等，但是规模小，样式旧。畲族特色美食和节庆风俗保存较好，一年一度的"三月三"节庆活动日游客量达到2万，但是缺少相应规模的配套设施。总体来说村庄建筑立面和景观应进行改造，贴合民族特色，完善细节设计，丰富畲族特色旅游项目，完善旅游配套设施。

（3）畲族文化氛围逐渐弱化

龙冈畲族乡中的畲族人口占全乡人口的30%，经过长期的汉化过程，龙冈畲族乡的畲族文化氛围并不浓厚。虽然畲族居民以村子为单位聚居，但是从建筑外形、居民形象等方面与汉族村落基本没有区别。大部分年轻人外出务工，当地老人儿童对于畲族文化的保护意识较为薄弱。通过访问得知当地畲族居民一个村大概只有一两人还会畲语，当地人家保留一套畲族服装仅在节假日穿着，畲族的编织工艺、制银工艺、制酒工艺等特色工艺与特色习俗都不再保留。所以在龙冈畲族乡，畲族文化的保护与传承迫在眉睫。

4.3　规划思路

4.3.1　规划范围

江西龙冈旅游风情特色小镇规划范围主要包括龙冈社区、万功山村、表湖村部分约4.64km²，北至龙冈畲寨大门，南至下樟畲族新村。特色小镇核心区主要包括张家车村、凡埠村、集镇，面积约1.47km²。

4.3.2　规划目标

（1）总目标

到2025年，成功创建以山水资源、红色文化、畲乡风情为特色，业态兴旺、设施完善、环境优越、管理健全的旅游特色小镇，国家4A级旅游景区、江西省旅游风情特色小镇，华东地区知名的文化旅游休闲区。

（2）分期目标

品牌创建期（2017—2020年）：完成主体建设工程，投资3.03亿元。到2020年游客接待20.41万人次。2020年通过市级特色小镇验收，成功创建江西省旅游风情小镇。

品牌提升期（2021—2025年）：完成其他建设工程，实施品牌形象工程。2023年成功创建国家4A级旅游景区。到2025游客接待79.36万人次，成为华东地区知名的文化旅游休闲区。

4.3.3　形象定位

以"全域旅游"发展理念为指导，整合"红、蓝、绿"三色旅游资源，整体打造"龙上君旅游集聚区"，推动文旅结合、农旅结合，打造以"三色龙冈，畲乡小镇"为旅游品牌形象，构建红色文化休闲、畲乡风情体验、乡村度假、生态观光的产品业态体系，旅游休闲、文化创意、养生度假为主的产业体系，建设成为业态兴旺、设施完善、环境优越、管理健全的旅游特色小镇，国家4A级旅游景区、江西省旅游风情特色小镇，华东地区知名文化旅游休闲区。

4.3.4　产业战略定位

龙冈畲族乡旅游风情小镇的产业选择应突出吉安市和江西省产业升级转型进程当中的重点发展产业，产业定位应能体现未来区域产业发展的方向。紧扣"三产并进、城乡同治、创新驱动、绿色发展"的战略思路，按照"打'三色'牌、创特色业"的发展方向，龙冈畲族乡旅游风情小镇应打造以畲乡风情游、红色旅游等"蓝色""红色"产业为主导，特色种养殖业、农特产品加工、农副食品加工、农产品电商等"绿色"产业为基础的特色产业体系。结合区域经济发展定位与市场发展趋势，特色小镇产业应以旅游休闲产业为主要方向，通过农旅结合、文旅结合，发展乡村旅游、文化旅游等新型旅游业态，带动第二产业与第三产服务业的发展，如图4.2。

图4.2　产业结构图

4.3.5　旅游市场规划

龙冈旅游风情特色小镇地理位置便捷，项目类型丰富，具有畲族文化和红色文化的竞争优势，适宜周末、小长假短期旅游和长期养生休闲度假。因此以吉安本地旅游市场为基础旅游市场，开展节假日亲子游乐、休闲度假、康体养生、文化教育体验活动。以南昌、九江、赣州赣粤高速沿线客源市场及井冈山分流客源市场为重点旅游市场，开展现代都市中产阶层休闲度假、生态养生、户外健身运动、文化教育体验活动。以省内其他城市客源市场和长三角、珠三角、海西经济区客源市场以及湖南长株潭的城市群，武汉都市圈等江西周边粤闽浙客源市场为机会旅游市场。

4.4　畲族文化元素的提炼

　　畲族文化是旅游风情特色小镇规划独特于其他小镇的核心竞争力。为了将畲族文化从文化形式转变为文化应用，结合江西地域特色从文化符号表现、生活生产习俗以及精神文明表达3个层面将畲族文化元素进行归纳提炼，便于应用于实践之中，如图4.3。

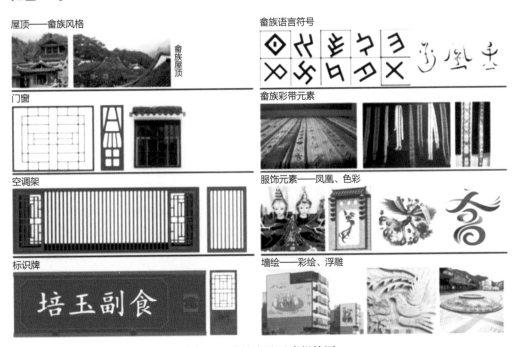

图4.3　畲族文化元素提炼图

4.4.1　文化符号表现

（1）"畲"字

　　中国文字博大精深，"畲"不仅仅是畲族的名字，同时也能够作为一个形象展现畲族的民族风情。"畲"字本身就是一个具有代表性的图案，将其与景观小品、公共设施及建筑外立面设计结合，简单直接地表现畲族风情。

（2）畲族彩带字符

　　畲族特色工艺品编织彩带上的字符作为一种"意符文字"，蕴含着畲族文化内涵。单个字符代表着不同的意义，在景观设计中作为图案标识重组设计利用，不仅形式美，还有特定的教育意义。连串的彩带字符图案颜色艳丽，带状形式便于利用，具有设计价值，在表现畲族文化特色的同时展示民族风情。

（3）畲族凤凰图腾

凤凰图腾本身就是一个可利用的景观形象，其造型优美，民族特色强，可利用率高。凤凰图腾可以绘制在建筑外立面和栏杆浮雕上，也可以制作成立体的景观雕塑，还能作为平面元素应用在品牌标识制作上。

4.4.2　生活生产习俗

（1）畲族传统建筑

畲族传统建筑虽然已经不再适用于现代居住使用，但是它承载了畲族文化历史，具有极高的文化价值。可以提取传统建筑的结构形式和屋顶样式作为新建建筑外立面装饰，在一定程度上传承畲族文化内涵。

（2）畲族传统服饰

畲族人民喜好穿蓝，蓝色已经成为畲族的标签之一，在景观设计中通过蓝色的多量多次使用，能够加强蓝色与畲族风情之间的关联性。畲族人民的凤凰装也是可以图像化，作为畲族的代表符号在景观设计中加以利用。

（3）畲族歌舞美食

将动态的畲族歌舞定格下来，通过舞蹈雕塑景观小品和景观音响设施将畲族歌舞元素惟妙惟肖地表达给游客。另外畲族的特色歌舞与特色美食乌米饭、山哈酒、薯包、笋包、菅粽等能够融入节庆活动中，丰富活动内容，营造浓郁的民族风情。

（4）畲族体育活动

畲族传统体育项目内涵丰富，形式多样，既有竞技性、娱乐性，又有交融性和观赏性，而且具有强身健体和思想教育的功能。有摇锅，人站、半蹲或坐在锅里进行的表演活动；有赶野猪，为防止野猪破坏农作物而发展演变的体育项目；有稳凳，以蹬、转、翻、旋、翘、摇、摆等为基本动作，结合插旗、套圈等形式的竞赛表演。还有蹴石磉、畲族武术、龙接凤等特色体育活动，在旅游活动中是很好的互动形式。

（5）畲族生产习俗

畲，意为刀耕火种，而"畲"作为族称，是由于当时畲民到处开荒种地的游耕经济生活特点而被命名。据《龙泉县志》记载"（民）以畲名，其善田者也"。畲族多居住于交通不便的山区，过着自给自足的生活。由此根据山地的地理特点形成良好的梯田种植风貌，农作物以水稻为主。在当今时代，虽然梯田的种植效率大不如现代化的高标准农田，但蔚为壮观的梯田风貌作为民族特色的一部分是一项优良的景观资源。

4.4.3　精神文明表达

（1）畲族传说故事

将畲族盘瓠与三公主隐居山林和盘、蓝、雷、钟四姓子孙传统生活的故事传说图像化，通过墙绘、浮雕等形式表现出来，增添畲族特色小镇景观的趣味性和民族性。

（2）畲族祭祀文化

祭祀活动是畲族传统文化神秘的面纱，是不乏祝福等美好寓意的活动，其形式多与畲族舞蹈相关，热闹喜庆。将传统祭祀活动融入旅游节庆活动之中，更能够激发游客对畲族文化的兴趣，吸引客流。

（3）江西畲族文化

江西龙冈乡山清水秀，有着丰富的自然资源、红色文化资源以及畲族文化资源。畲族人民勤劳勇敢、善良好客的特质，在江西龙冈乡的人民身上可见一斑。龙冈乡的村民在自然与人文资源的长期熏陶下，形成了自己独特朴素的地域文化，每年举办划龙舟比赛、青团等特色小吃制作比赛以及畲族歌舞民俗表演等。龙冈乡的畲族山歌和畲族刺绣列入省级非物质文化遗产名录，畲族禾杠花列入市级非物质文化遗产名录。龙冈乡的畲族文化在发展之中具有自己的独特性与地域性，在文化的传承中，要注重当地文化多元性的保护，注重人与文化之间的联系，加强宣传教育，让畲族文化深入人心，并且可转变为商业利益，切实让当地居民的生活从物质层面和精神层面都变得多姿多彩。

4.5　畲族文化在江西龙冈畲族乡旅游风情特色小镇规划中的应用

4.5.1　畲族文化在景观营造上的应用

4.5.1.1　畲族文化应用的空间布局

通过对江西龙冈乡的村落肌理与畲族文化生活的结合，对畲族文化元素的抽取与再设计，将畲族文化融入建筑立面改造、景观小品、公共服务设施细节等方面的设计之中，沿孤江布置畲族特色的景观节点、建筑及小品等，如图4.4。另一方面，在生产生活层面，让畲族传统文化习俗充分表达在居民生活与文化宣传教育之中。让畲族特色贯穿整个江西龙冈旅游风情特色小镇，重点打造集镇和下樟村两个畲族氛围浓厚的文化区，使游客感受到浓厚的畲族风情，如图4.5。

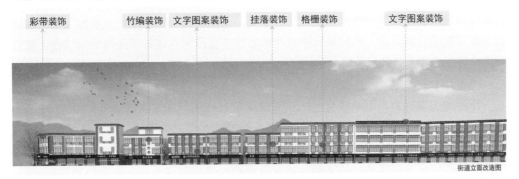

图4.4　畲族文化元素应用图

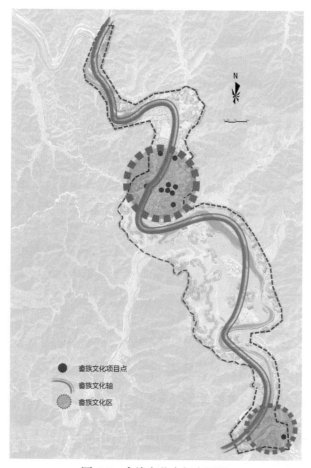

图4.5　畲族文化空间布局图

4.5.1.2　畲族文化元素在建筑上的应用

　　传统畲族建筑的茅寮、土寮、土楼等形式结构对于现代居住实用性不高，但是建筑群体的特色风貌往往能够给人以最直观的感受。因此将提炼畲族文化元素融入新建建筑和现有建筑的立面改造，做到现代建筑的功能性与畲族特色建筑的美观性相结合，最大程度地体现畲族建筑的民族特色。

　　（1）新　建

　　江西龙冈畲族乡旅游风情特色小镇新建建筑有小镇客厅（游客服务中心）、临江仙主题酒店、凤舞蓝畲民宿、车溪新村民居。根据功能需求的不同，建筑体量形式略有差别，但是总体都是体现畲族特色的建筑。将畲族传统建筑的结构与现代建筑结合，一眼就能看到民族建筑的特别之处。将凤凰图腾和丰富多样的传统彩带图案变形利用，绘制在建筑外立面上，"畲"字图案以格栅等形式融入建筑主体，将文化历史传说等元素以浮雕、地雕等形式呈现，突出鲜明的民族风情，如图4.6~图4.11。

游客中心区块
总占地面积：6012m²
游客服务中心560m²
停车场2112m²
公厕60m²
广场铺装1682m²
绿化用地：1598m²

经营用房区块
总占地面积：14703m²
商品房：1222m²
道路铺装：3721m²
停车场：656m²
绿化面积：9104m²

图 4.7 小镇客厅（游客服务中心）效果图

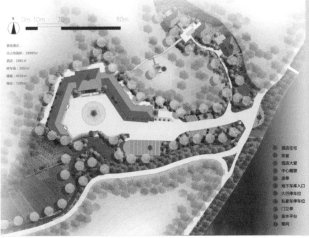

图 4.6 小镇客厅（游客服务中心）平面图

图 4.8 临江仙主题酒店平面图

图 4.9 临江仙主题酒店效果图

经济技术指标

用地面积：1704m²
建筑占地面积：230m²
铺装面积：193m²
绿化面积：556m²
停车场面积：408m²
停车位：8个

图 4.11 凤舞蓝畲民宿效果图

图 4.10 凤舞蓝畲民宿平面图

（2）改　造

江西龙冈原本的建筑立面较新，但是缺乏民族特色。通过对畲族文化元素的抽取再重组对建筑立面进行装饰，主要方式是将畲族神话传说和凤凰图腾以及畲族传统刺绣图案进行大面积墙绘，形成强烈的视觉冲突，如图4.17。在细节方面，将畲族的彩带图案绘制在屋檐下，将畲族图案文字做形象化格栅挂落，让整个建筑的民族特色更加饱满，如图4.21。对集镇临街建筑立面、店铺招牌以及沿江民居建筑立面和下樟新村建筑立面进行改造，让整个特色小镇建筑形成整体的民族特色风貌，如图4.12~图4.19。

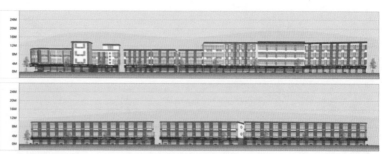

图 4.13　集镇临街建筑立面图

图 4.12　集镇规划平面图

图 4.14　集镇沿江建筑立面图

图 4.15　下樟新村建筑立面图

图 4.16　车溪新村现状照片

图 4.17　车溪新村立面改造效果图

图 4.18　集镇现状照片

图 4.19　集镇临街建筑立面改造效果图

4.5.1.3　畲族文化在景观小品上的应用

　　景观小品在小镇中出现频率较高，畲族文化在景观小品上的应用对于整个特色小镇畲族风情的营造尤为重要。将"畲"字、畲族字符、凤凰图腾、歌舞小品等畲族文化元素融入坐凳、栏杆、地面浮雕等景观小品，如图4.20、图4.21。通过利用随处可见的景观小品，达到潜移默化体现畲族风情的效果。

a.畲字花纹坐凳

b. 畲字图案标识

c.畲字桥面暗纹

d.畲字栏杆

e.畲族歌舞塑小品

f.畲字路面暗纹

g.畲族图案栏杆浮雕

h.畲族图案地面浮雕

图 4.20　畲族文化元素应用细节图 1

a.畬族故事墙绘　　　　　　　　　　　　　b.凤凰图腾墙绘

c.畬族彩带墙绘

d.畬字特色格栅　　　　　　　　　　　　　e.畬字特色门牌

图4.21　畬族文化元素应用细节图2

4.5.2　畬族文化在互动体验上的应用

4.5.2.1　畬族文化在公共空间中的应用

文化活用能够让文化价值高效传播出去，因此在规划范围内设置畬族文化体验园和生态慢步道，通过可看、可敲、可听、可赏的体验式景观小品串联畬族文化体验园和生态慢步道，一方面吸引人主动参与体验畬族文化，一方面为畬族文化活动提供场所，增添场地的民族文化气质，让畬族文化氛围更加浓厚。

（1）畬族文化体验

在江西龙冈旅游风情特色小镇建设畬族文化体验园，对原有乡政府南面滨河空地进行建造，以"畬歌之路""畬舞之路"作为文化展示线路，以民谣音乐广场作为文化展示重点，如图4.22。增加反映畬族民族乐器、民谣音乐的体验式景观小品，可看、可敲、可听，以增添游客对畬族民歌的兴趣。"畬歌之路"从北面的龙冈大桥下入口开始，首先展示自然式花海，配合畬族人民耕、主题雕塑小品，把游客带入畬族文化；然后进入丝竹台，欣赏顺流而下的竹筏对山歌；最后到民谣音乐广场，形成游览高潮。"畲舞之路"从南面竹林小径开始，竹林使用猎、渔主题小品，寓意舞蹈来源于生活；然后进入民谣音乐广场体验畲族舞蹈；最后进入松林，形成一个完整的畲族文化体验路线，如图4.23。

　　不定期组织畲族文艺团队在此举办民歌对唱、民谣演奏等表演性活动，并加强游客的互动体验。畲族文化体验园占地面积18525 m²，以展示畲族文化为主要功能，同时为周边居民提供游憩场所。整体设计粗犷自然，采用龙冈当地建筑材料，展示龙冈畲族的独特文化。

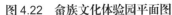

图 4.22　畲族文化体验园平面图　　　图 4.23　畲族文化体验园效果图

（2）畲族特色慢游

　　沿规划范围内的孤江打造生态慢步道，融合畲族文化元素，让人们在户外休闲中沉浸式感受畲族文化氛围。滨江立面景观带全长508m，沿途涉及驳岸、道路、建筑立面提升改造，如图4.24。滨江民居建筑外立面一、二层采用青砖贴面，局部适当运用龙凤图腾作为墙绘进行点缀，用格栅和瓦片对顶楼外栏杆进行围合处理，遮挡外露栏杆的同时，丰富建筑外立面。通过对原有驳岸进行整理，提升道路周边景观，打造一条供游人及当地居民游览、休闲于一体的富有畲族文化特色的孤江生态慢步道，让人们在行走之中慢慢感受畲族文化与龙冈地域自然景观的有机融合，如图4.25。

图 4.24　孤江生态慢步道平面图　　　图 4.25　孤江生态慢步道效果图

4.5.2.2　畲族文化在活动体验上的应用

（1）节庆活动

将畲族传统的节日习俗与特色小吃等文化元素在策划的节庆活动中绚烂表现，让游客感受浓郁的节日氛围。在三月举办畲乡"三月三"乌饭节，畲民们以吃乌米饭、唱山歌、跳畲舞、表演龙灯狮子舞等活动欢庆这一盛大民俗节日。四月举办畲族文化艺术节，发展畲乡艺术剧团，大力发展民族舞蹈、采茶畲歌戏、畲族服饰、畲乡美食、畲族风俗等畲族特色文化。六月举办畲乡"六月六"特色美食节，包含乌米饭、山哈酒、薯包、笋包、糍粑、米果等20种左右畲族特色小吃展销。在九到十月举办畲乡民俗风情文化体验节，以"体验畲族文化、领略民俗风情"为主题，展现传统马灯舞、斗笠舞、祭舞草龙、竹筒舞、乌饭长桌宴、刀山傩舞、畲族原生态山歌男女对唱、畲族特色广场舞、禾杠舞、木马舞、打狮、唱板等特色活动，融入大众参与的民俗体验如打糍粑、做果哩、茶叶制作以及篝火晚会，具体如表4.2。

表4.2　节庆活动策划表

活动项目	时间	活动内容	活动地点
畲乡"三月三"乌饭节	3月	畲民们以吃乌米饭、唱山歌、跳畲舞、表演龙灯狮子舞等活动欢庆这一盛大民俗节日	龙凤休闲广场
畲族文化艺术节	4月	本乡居民自发组织群众性演出团体，发展畲乡艺术剧团，大力发展民族舞蹈、采茶畲歌戏、畲族服饰、畲乡美食、畲族风俗等畲族特色文化，举办沙雕等艺术展览	龙凤休闲广场
畲乡"六月六"特色美食吃新节	6月	乌米饭、山哈酒、薯包、笋包、糍粑、米果等20种左右畲族特色小吃展销	畲族休闲美食街
畲乡民俗风情文化体验节	9~10月	以"体验畲族文化、领略民俗风情"为主题，展现传统马灯舞、斗笠舞、祭舞草龙、竹筒舞、乌饭长桌宴、刀山傩舞、畲族原生态山歌男女对唱、畲族特色广场舞、禾杠舞、木马舞、打狮、唱板等特色活动，还融入了大众参与的民俗体验如打糍粑、做果哩、茶叶制作以及篝火晚会	龙凤休闲广场
农贸农事满仓节	11月	收割庄稼、收获各类水果蔬菜等经济作物、晾晒种子、整修农具、储存作物等，展示畲族农耕文化	畲族文化体验园

（2）智慧旅游

实现江西龙冈旅游风情特色小镇全镇WIFI信号覆盖，增强龙冈的信息化服务功能，在游客服务中心实现信息发布、游客咨询、导游导览等功能；完善广播系统、触摸屏、信息大屏的建设；实现游客通过信息化平台及时互动。实现全龙冈的电子商务服务：建立统一的电子商务平台；加强与携程网、同程网、驴妈妈旅游网、途牛旅游网等知名旅游网站的宣传合作和电子商务合作，提升景区网站知名度；实现商品、餐饮、住宿、个性化娱乐等服务的移动支付功能。

4.5.2.3　畲族文化在旅居空间上的应用

旅居形式为游客提供了深度体验畲族文化的机会，在具有传统畲族生活特色的民宿、农家乐以及畲族特色酒店中放松身心，和畲民一样生活作息，在日常生活中了解最朴素最本质的畲族文化。

（1）畲村人家和畲族生活体验馆

民风淳朴的下樟村，场地多竹林，自然条件优良，居住环境舒适，交通出行便利，如图4.26。选取适宜且愿意改造为农家乐的人家开发畲村人家农家乐，游客可以像畲族人一样的生火做饭、农耕织布、看书下棋，体验畲族特色乡村生活。下樟村村口，原有的小木屋场地开阔，建筑古朴，便于改造为畲族生活体验馆。室内陈设具有畲族特色的农耕用具、编织用具、民族服饰等，集展览、体验、售卖于一体，如图4.27。

图 4.26　下樟村现状照片

图 4.27　畲村人家、畲族生活体验馆改造效果图

（2）凤舞蓝畲民宿

龙凤步行街东面，靠山临路，周围植物繁茂，前有菜地，位置交通便利，如图4.28。发展特色民宿休闲度假，建造畲族特色的凤舞蓝畲民宿，结合畲族手工业制作体验、菜园采摘体验等让游人充分体验畲族特色文化。民宿主要分为民宿、停车场、庭院3个区块。民宿将原有居民住宅及小木屋进行改造提升，配有庭院、花架和茶馆，形成一个依山傍水的畲韵风情民宿。庭院采用具有乡土趣味的设计，通过砖石对菜地进行分割，可以让游客自由穿梭，体验蔬果采摘的乐趣，并设置蔬菜廊架及小广场，在采摘的同时，提供休憩纳凉的好去处。民宿停车场配备8个停车位，满足客流需求，如图4.29。

图 4.28　凤舞蓝畲民宿现状照片

图 4.29　凤舞蓝畲民宿鸟瞰图

（3）临江仙主题酒店

临江仙主题酒店依山而建，东临孤江，生态环境优美，如图4.30。酒店建筑以畲乡特有的建筑风貌为主，局部墙面装饰龙凤图案等。酒店一楼客房自带庭院，二楼客房配备阳台。北侧设置雅间及套房，并以当地珍贵树种樟、楠、檀为房间主题。酒店配备地下停车库及地上小型生态停车场，为游客提供完善的住宿服务，如图4.31。

图4.30　临江仙主题酒店现状照片

图4.31　临江仙主题酒店鸟瞰图

4.5.3　畲族文化在文旅产业上的应用

4.5.3.1　畲族文化在品牌营销上的应用

根据相关规划对龙冈畲族乡产业发展的定位，特色小镇属于龙冈、上固、君埠旅游产业统筹发展区域，应通过打造孤江水系景观，整合红色历史遗迹、畲族村寨风情、生态田园风光等旅游资源，以"蓝色为韵、红色为魂、绿色为底"，展示龙冈多彩文化，培育龙冈红色体验游、蓝色风情游两大旅游产品，构建龙冈红蓝绿三色综合旅游区。

打造"三色龙冈，畲乡小镇"品牌，建设龙冈畲族乡电子商务服务中心，并注册"龙冈畲乡人家""畲乡情"等品牌，实现农副产品与文化品牌的结合，完成生产、加工、网销一体化建设。

　　设计特色小镇标识，以"三色龙冈"为主题——红色龙冈、蓝色畲乡、绿色孤江。外圆结构采用绿色，并以畲族彩带的形式，用畲族符号作为镶边花纹，代表自然、健康、生态；红色印章，位于东方，而龙腾凤舞，皆朝东方，象征着畲民与红军团结一心抗战的红色历史。畲族崇尚蓝天白云，一条孤江串联群山的同时也滋润着龙冈特色白莲产业，故标识以蓝天白云为基底，一条绿色孤江蜿蜒曲折，似蛟龙盘旋，又似凤凰摆尾，三瓣白莲盛开与水面之上，与孤江密不可分，如图4.32。

　　根据畲族传统服装特色设计具有畲乡风情的宣传形象，设计制作旅游地图、导览手册、宣传画册、海报等，开发龙冈畲族旅游风情特色小镇周边产品，形成龙冈畲族乡特有的品牌形象，突出畲族风情品牌特色，如图4.33。

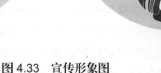

图 4.32　品牌标识图

图 4.33　宣传形象图

建立"江西龙冈旅游风情特色小镇"为中文域名的官方网站。加强景区基础数据库建设，强化以"三色龙冈，畲乡小镇"为品牌的新媒体平台的宣传和运营。策划组织摄影大奖赛、旅游口号、标徽征集等活动，通过多种媒体发布，开展旅游品牌宣传和推广。利用微博、微信、微视频等手段，实施高效、精准微营销。参加各类旅游交易会、展销会、博览会等，积极开展会议营销。配合风情小镇的营销战略步骤，开展重点客源城市的媒体公关。主动邀请政府领导及专业团队到风情小镇考察指导，争取相关的政策、项目、资金支持。加强网络营销，发展旅游电子商务，实现"风情小镇旅游频道"与县、市旅发委官方网站、旅游资讯网等网站的链接和互通。

4.5.3.2　畲族文化在旅游开发上的应用

（1）旅游产品

推出精品化、系列化、多档次旅游商品，提升游客的旅游商品消费；景区生产中高档保健食品、饮品、旅游工艺品、旅游用品、实用印刷品等系列；引导农业企业、民宿村（点）生产风味土特产、地方手工艺品系列；加快旅游购物场所建设，推动旅游商品进电商销售网络、进超市专柜、进度假酒店展示、进导游解说范围，创造条件建设旅游商品购物平台。

将乌米饭、山哈酒、薯包、笋包、菅粽、糍粑、米果、腐乳、七层糕、蒜子包、炒兰花根、鱼包子等龙冈畲族特色美食在畲族美食街规范化售卖，形成特色旅游产品。打造编织带、彩球、彩旗、灯笼、窗花、毛边纸、各类刺绣、斗笠、竹席、草帽、草席等竹篾编制物和草编制物等畲族特色工艺品，形成独居特色的纪念旅游产品。

（2）旅游项目

特色小镇主要以产业为依托，因此策划了十一个畲族特色项目作为江西龙冈旅游风情特色小镇的旅游产业支撑，如图4.34。民俗创新创业产业园可以引进、鼓励当地村民、在外务工村民以及外地人员来此结合畲族民俗特色利用畲族特色手工艺创业，形成具有畲族特色的创意产业园；畲族休闲美食街，对步行街进行植物、景观小品创意设计提升，形成浓郁的畲族文化特色。引入小吃铺、茶馆、唱吧、书局、商铺等休闲业态，提供畲族时令特色小吃，如乌米饭、兜浆米果、七层糕、笋包、薯包等，开展品茶、听歌、唱歌等休闲娱乐活动；临江仙主题酒店建筑以赣中传统民居建筑风格为主，外墙及室内融合畲族文化元素，如局部墙面装饰龙凤图案等；畲乡风情演艺馆建筑内部环境按照畲族文化特色进行装饰，为游客提供畲族歌舞表演，打造风情小镇的品牌旅游演艺。不定期组织国内畲族文艺团体来此开展文艺汇演、文化交流；畲族文化体验园通过类似组拼畲族文字、绘画畲族图腾、聆听畲族民歌、参加畲族民俗表演等活动形式打造一个极具趣味的畲族文化体验；孤江生态慢步道沿江布置畲族景观小品雕塑，结合畲族特色街景，打造具有畲族特色的慢步道。凤舞蓝畲民宿为畲族特色的民宿，结合畲族手工业制作体验、菜园采摘体验等让游人充分体验畲族特色文化；畲乡文化博物馆通过展示畲族特色的服饰、装饰品、手工艺品、农作用具等物品，让游客更加全面透彻地了解畲族文化；龙凤休闲广场，对原有的龙凤广场进行景观提升改造，增添公共休闲服务设施，赋予广场新的活力；民俗新村二期，结合畲族传统建筑形式和村落布局，建设富有畲族特色依山傍水的新村，提升基础设施和人居环境，融入旅游功能，将来可开展乡村旅游接待；畲村人家为畲族农家乐，让游客体验感受畲乡风情。

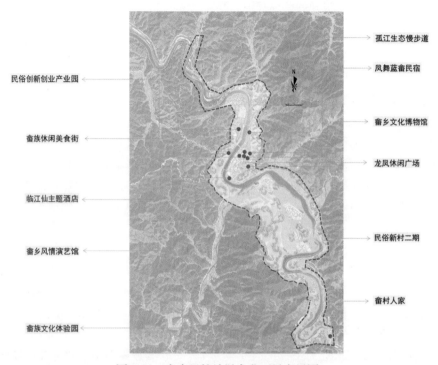

图 4.34　畲乡风情旅游产业项目布局图

（3）旅游线路

在规划范围内部串联畲乡文化博物馆、龙凤休闲广场、畲乡文化体验园、畲乡风情演艺馆及畲族休闲美食街，规划具有畲乡风情的"蓝之韵"主题一日游线。让游客在文化互动、食物品尝、表演观看等方面欣赏江西龙冈乡的秀丽景色，体验畲族人民的生活，感受畲族文化的魅力，如图4.35。

在规划范围外部以龙冈畲族乡为中心，连接周边景区及景点设计分别可以体验到畲族风情、红色文化以及欧阳修文化的三条游览线。"老家美"乡村旅游精品线（沙溪—上固—龙冈），打造以美丽田园观光、畲乡风情体验为特色的"老家美"乡村旅游精品线，主要景点包括水浆自然保护区、泷冈阡表碑等，旅游线路充满人文情怀和自然风光。

"反围剿"红色旅游精品线（龙冈—君埠），打造以红色文化为主题的"反围剿"游线，融合了畲乡风情体验及乡村温泉休闲，主要景点包括：反第一次"大围剿"纪念馆、富家车毛泽东旧居、小别桥、万功山战斗遗址、黄竹岭红军前线指挥所、万寿宫和君埠八石丘温泉等。"醉翁情"文化旅游精品线（县城—西阳宫—龙冈），借力"欧阳修

故里"品牌,提升龙冈知名度,沿永丰县城往南串联景点,形成"醉翁情"旅线,主要
景点包括:恩江古城欧阳修纪念馆、辋川生态观光园、农民画产业园、龙蟠寺、大仙岩
旅游区、灵华山景区、西阳宫等,如图4.36。

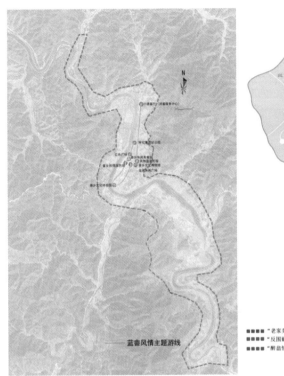

图 4.35 主题游线图   图 4.36 龙冈周边旅游线路策划图

(4)旅游配套设施规划

据统计,2016年龙冈畲族乡游客接待人数共计3万人次左右。根据特色小镇发展定
位与规划目标,对各个阶段的游客接待进行预测。2018—2020年,随着主体建设工程
完成,特色小镇游客接待量快速增长,到2020年预计达到15.05万人次。2021—2025
年,随着所有建设工程建成并运营,品牌形象工程实施,特色小镇游客接待能力将大幅
增加,到2025年预计达到79.76万人次,如表4.3。其中2022年达到33.71万,成功创建
国家4A级旅游景区,规划期末成为华东地区知名的文化旅游休闲区。

表4.3 特色小镇旅游人次预测表

年份 / 年	旅游人次 / 万人次	增长率 / %
2017	4.20	—
2018	5.88	40
2019	9.41	60

（续）

年份 / 年	旅游人次 / 万人次	增长率 / %
2020	15.05	60
2021	24.08	40
2022	33.71	40
2023	47.2	30
2024	61.36	30
2025	79.76	30

建设具有较高品质、高质量、风味特色的餐饮设施，开展乡土特色美食，注重餐饮文化与畲族文化的融合，加强品牌建设，强化餐饮的旅游吸引力。重点打造原味山野系列、养生山野系列、文化乡野系列等特色餐饮，推出体验式餐饮开发模式，提高游客的参与性。

根据餐位数计算公式：

$$C=（R×N）/（T×K），$$

式中：C——餐位预测数；

R——用餐人次（为年游客规模×平均就餐率）；

N——人均停留天数；

T——全年适游天数；

K——周转率。

全年适游天数按300天计算（其他指标见特色小镇餐位数预测表），具体预测如表4.4。

表4.4　特色小镇餐位需求量预测表

年份 / 年	年游客量 / 万人次	就餐率 / %	周转率 / 次 / 餐	人均停留时间 / 天	餐位需求量 / 个
2017	4.2	30	0.4	1.1	315
2018	5.88	30	0.4	1.1	441
2019	9.41	50	0.8	1.3	695
2020	15.05	50	0.8	1.3	1112
2021	24.08	70	1.2	1.5	1915
2022	33.71	70	1.2	1.5	2681
2023	47.2	90	1.6	1.7	4103
2024	61.36	90	1.6	1.7	5334
2025	79.76	90	1.6	1.7	6934

采用多元化发展思路，兼顾淡旺季与游客构成差异，形成不同档次、规格的住宿接待设施，包括星级酒店、风情民宿、主题客栈、特色度假木屋、休闲营地5类。

住宿业床位数估算综合考虑特色小镇目前现状和发展趋势，对本项目2018—2025年间所需床位数进行估算。计算公式：

$$C=(R×N)/(T×K),$$

式中：C——床位预测数；

　　　R——住宿人次（为年游客规模×平均住宿率）；

　　　N——人均停留天数；

　　　T——全年适游天数；

　　　K——床位平均利用率。

全年适游天数按300天计算（其他指标见特色小镇床位需求量预测表），具体预测如表4.5。

表 4.5　特色小镇床位需求量预测表

年份 / 年	年游客量 / 万人次	留宿率 / %	床位平均利用率 / %	人均停留时间 / 天	床位需求量 / 张
2017	4.2	10	30	1.1	140
2018	5.88	10	30	1.1	177
2019	9.41	30	50	1.3	262
2020	15.05	30	50	1.3	419
2021	24.08	50	50	1.5	1290
2022	33.71	50	50	1.5	1806
2023	47.2	60	70	1.7	2456
2024	61.36	60	70	1.7	3193
2025	79.76	60	70	1.7	4151

4.5.3.3　畲族文化在基础设施上的应用

（1）亮化工程

特色小镇夜景规划更能突出小镇风情与特色，白天的小镇是凝固的静态美，夜晚展现的是灯光交织的动态和妩媚。特色小镇夜景规划整合了必要的经营和管理元素，确保小镇夜景照明的连续性，并突显主题内涵和商业模式。路灯设计融入凤凰和畲族建筑的元素，通过不同造型的变化，打造出具有畲族特色的景观路灯，如图4.37。庭院灯设计融入凤凰和三色龙冈的元素，旨在打造具有畲族特色的道路景观效果，如图4.38。路灯顶部既像飞舞的凤凰，又如燃烧的烈火，象征着向美好生活的转变。整体又如一个火炬，象征生活的红红火火，永不停息。

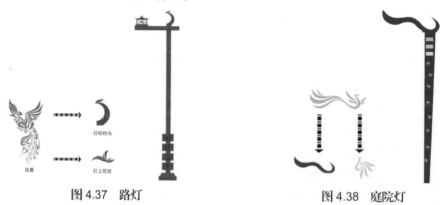

图 4.37　路灯　　　　　　　　　图 4.38　庭院灯

（2）标识系统

根据对龙冈特色的挖掘，充分考虑龙冈建筑风格、景观环境及自身功能需求，将畲族蓝色和凤凰图腾元素融入标识系统，设计符合龙冈风情特色的标识标牌，既为游客服务，又凸显地方文化特色，如图4.39。

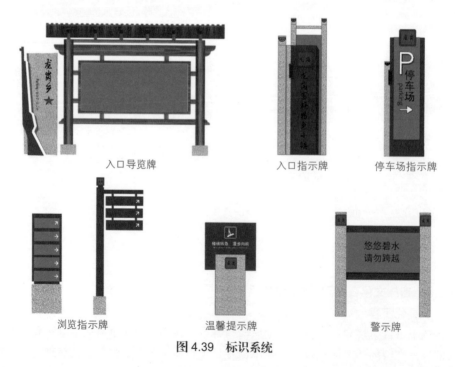

图 4.39　标识系统

（3）旅游公厕

严格按照GB/T18973—2016《旅游厕所质量等级的划分与评定》国标设计厕所功能。建成"数量充足、干净无味、实用免费、管理有效"的旅游厕所，满足游客需求。

建筑外观采用畲族建筑风格，融入"畲"字图案和字符图案，如图4.40。

图 4.40　旅游公厕效果图

（4）环卫设施

江西龙冈旅游风情特色小镇原有一处垃圾中转站，规划新建7个垃圾收集站，垃圾桶设计融入畲族彩带图案元素，体现畲族风情，如图4.41。

图 4.41　垃圾桶设计图

4.5.4　畲族文化在特色小镇中的保护与传承

4.5.4.1　畲族文化特色规划设计

　　龙冈畲族乡作为一个畲族乡，畲族文化是其特色之处，一定要把畲族文化放在特色小镇建设的核心位置，充分发挥民族特色文化的独特性，体现畲族文化特色的规划设计。在整体空间规划和景观细节设计上与畲族文化元素结合，打造畲族文化氛围浓厚的旅游风情特色小镇。

4.5.4.2　多形式多渠道保障实施

　　畲族文化作为民族民俗文化，政府和市场要积极支持和引导，当地居民要积极配合。通过招商引资、政府政策支持以及村民自建等多种形式和多种渠道，建设和改善传统民族文化的环境和条件，如畲乡文化节，"三月三"乌饭节等，政府应该给予政策优惠、人力支援以及经济支持。利用龙冈滨江新区现有的建筑建设民俗创新创业产业园，引进、鼓励当地村民、在外务工村民以及外地人员来此结合畲族民俗特色利用畲族特色手工艺创业，形成具有畲族特色的创意产业园，吸引人才。

4.5.4.3　促进畲族文化与经济发展共同繁荣

　　特色小镇以畲族文化为核心的文旅产业开发当地文化资源，增加就业机会，提高人民收入，推动经济发展。龙冈畲族乡一年一度的"三月三"乌饭节活动形式丰富，内容齐全，旅游配套设施完善。当八方宾客纷至沓来时，通过特色民俗表演、特色饮食和乡村住宿等形式能够为龙冈畲族乡创造出可观收入，可见民族特色文化在旅游开发中的重要地位。另一方面小镇经济的发展也能够让畲族文化发展更加灿烂。在旅游开发时深入挖掘历史文化资源并予以保护。通过设计的手法让畲族文化的魅力散发出来，吸引游客和当地畲族居民自主自愿自发地传承和发扬畲族文化。

4.5.4.4　形成重视保护畲族特色文化的环境

　　畲族文化历史代代相传，但龙冈畲族乡的畲族传统文化保存情况并不乐观，龙冈畲族乡目前日常沟通使用汉语，畲语畲歌仅仅作为一种表演形式存在于舞台上，风俗习惯也与当地汉族基本相同。因此畲族文化的保护尤为重要，需要全乡村民对畲族文化重视起来，逐步地学习传统文化知识，恢复畲族民风习俗，拾回民族自豪感，形成尊重民族文化，重视历史传承的风尚。

4.6　畲族文化在江西龙冈畲族乡旅游风情特色小镇规划中的应用总结

4.6.1　景观细节显文化

　　文化不容易表达，但可以提取畲族文化中凤凰图腾、手工艺品图案、文字符号、节日习俗等元素然后再整合应用到建筑、小品、景观等细节方面。通过细节指向高于细节的文化本身，让游客对畲族文化有更深刻的感受。例如江西龙冈旅游风情特色小镇应用了畲族故事、凤凰图腾等墙绘，并且将畲族文字符号融入街道商户招牌中，通过这样具体化、形象化的细节处理，不断地强调畲族文化，烘托特色小镇的畲族风情，营造浓郁的畲族文化氛围。

4.6.2　活动体验感文化

文化的表达不能仅仅停留于形式化的体现，而应注重游客的体验感。将畲族的故事、音乐、符号等元素有机地与景观融合，将非物质的传统文化糅入旅游节庆活动，让游客的五官都切身感受到畲族文化的魅力。在江西龙冈旅游风情特色小镇的案例中重点打造"三月三"乌饭节日，让畲族特色美食、歌舞、游戏蔓延在整个小镇中。游客在其中不仅能吃还能一起歌舞，在互动中感受畲族文化魅力。只有这样充分地表达文化，才能够真正达到传承畲族文化的目的。

4.6.3　文旅产业用文化

一个成功的畲族旅游风情特色小镇不仅要让游客感受到畲族文化的曼妙，还应通过旅游业带动小镇的发展，让本地畲族居民产生文化骄傲感，不断地学习传承畲族文化。小镇有资本再投资优化小镇的建设，继而能够吸引更多的游客，推广小镇的旅游品牌，形成一个良好的循环。如江西龙冈旅游风情特色小镇通过招商引资，打造"三色龙冈，畲乡小镇"的旅游品牌形象，将畲族文化的特色在特色小镇的建设中发挥得淋漓尽致。通过民族文化增添产业的独特性，提升市场竞争力，带动小镇经济发展。

4.6.4　特色小镇扬文化

传统民族文化对于当地居民来说是一笔宝贵的财富，是支撑旅游风情特色小镇持续发展的动力。在特色小镇的建设中要大用特用畲族文化，同时鼓励当地居民学习畲族传统文化，在农家乐和节庆活动中向游客传达畲族文化。但是要注意不能为了发展而发展，导致畲族文化商品化，要保证畲族文化的传统性和本真性。在小镇建设中文化的使用以保护、传承和发扬为第一准则，通过畲族文化自身的魅力和淳朴的乡土民俗吸引游客，增加当地收入，继而当地有充足的人力物力继续投入文化的传承发扬事业中，形成朝气蓬勃的文化保护发展格局。

5　结论与展望

5.1　研究结论

该案例通过对畲族文化的应用和特色小镇建设的研究，在相关理论的基础上，与实际项目相结合，提出如下结论：

① 通过对景宁畲族自治县的考察调研，从景区建设、活动策划、景观营造、建筑文脉和文化保护5个方面归纳总结畲族文化的具体应用方法，以畲族文化为核心，形成品牌效应，扩大宣传力度，完善配套设施，营造浓厚的畲族文化氛围。

② 对比分析江西龙冈周边同类型的畲族乡建设情况，横向比较龙冈畲族乡文化资源品质较好的优点，但是基础设施条件较差，缺乏配套旅游设施，开发空间较大。在建设之中应当注重凸显文化特色和文化的保护与传承。

③ 通过理论研究，从文化景观、文化体验、文旅产业和文化保护4个方面考虑畲族文化在特色小镇建设中具体的应用策略，遵循以人为本原则，营造宜居、宜业、宜游的空间；突出畲族文化和地域文化特色，提升传统民族精神，形成当地居民和游客对畲族文化的认同感。

④ 通过对畲族文化的研究，总结归纳在规划设计中可利用的畲族文化元素，包括文化符号表现、生活生产习俗以及精神文明表达3个层面。提炼"畲"字、凤凰图腾、传统建筑、传统服饰、传说故事、歌舞美食、体育活动等元素在设计中形象化、生动化的表达方式。

⑤ 在江西龙冈旅游风情特色小镇实践项目中探索文化应用策略理论研究的可行性。在小镇建设中注重文化的体验感、文化细节表达和传承与发扬，通过文化的应用彰显小镇的特色，扩大小镇民族文化品牌影响力，推动小镇整体经济发展，形成文化保护与经济发展相辅相成的良性循环。

5.2 展 望

该案例重点在景观空间营造、旅游规划和文化保护3个层面研究畲族文化的应用方法。由于实践项目地点距离较远，一些想法落地难度较大，实际规划设计过程与理论策略研究稍有偏差，缺乏一些创意手法。在与民族文化、社会经济等学科的交叉层面研究较浅，加之畲族文化神秘古老，没有深入研究其内在因果关系，在以后的规划设计项目中还有进步空间。

在具有民族文化资源的旅游风情特色小镇建设中应注重保护特色的民族传统文化，其次在此基础上开发旅游业。在开发过程中应避免民族文化在旅游开发中的庸俗化发展，开发当地民俗节庆的旅游项目不能停留在表面的饮食、观光等，应发挥传统民俗活动对拉近游客和当地居民亲近感的积极作用。另外应将特色小镇中的自然景观资源和人文景观资源相结合，形成地方特色或个性特征。从文化景观、文化体验、文旅产业和文化保护4个方面考虑畲族文化在特色小镇建设中具体的应用策略，在建设中应注重文化的体验感、文化细节表达的传承与发扬。通过具有民族特色旅游业的发展带动城镇的经济发展，进而反哺民族文化的宣传和保护建设工作，形成特色小镇欣欣向荣之势。

案例 ②

培育红色文化旅游特色小镇的美丽乡村规划研究

——以江西龙冈畲族乡美丽乡村规划为例

1　红色文化的相关概念

1.1　红色文化景观

　　"红色文化"是指革命战争年代的活动遗留和产生的影响。经过对多种定义的比对总结，红色文化景观可以概括为：在1921年中国共产党成立后，利用有关红色革命事件的物质文化、非物质文化进行修缮和建造与党相关的建筑物、构筑物等。它是记载革命历史、开展缅怀学习的纪念物品或场所。形式也多种多样，包括名人旧居、烈士陵园、雕塑景观、纪念馆以及博物馆等。红色文化景观是复合型景观，兼具了人文与自然的特性。

1.2　红色旅游

　　红色旅游的官方界定是指，中国共产党领导人民在革命和战争时期所形成的纪念地、标志物为载体，以其所承载的革命历史、事迹、精神为内涵，组织开展缅怀学习、参观游览的主题性旅游活动。最早提出这个概念的是江西，后来许多学者从多个角度对其进行定义，有的提出红色旅游是结合游览革命圣地和爱国教育的旅游。通过对上述定义的比对理解，笔者认为红色旅游是基于中国革命和战争时期产生的物质遗产和革命精神而进行的学习游览活动。

2　红色文化应用研究

　　国内关于红色文化应用主要起源于2004年后大热的红色旅游，这也致使今日的研究成果主要集中在旅游业方面，通过对旅游业发展与变动的研究，反馈出红色文化在其应用中的成效。红色旅游是一种重要的文化旅游形式，在目前红色文化旅游发展路径中，普遍存在文化内涵研发不足，与旅游产业融合度不够，形式单一等问题。相关研究发现，协调利益冲突、实现利益共生是红色旅游融合发展的关键，但当今红色旅游综合绩效不佳，则是以政府相关管理部门为核心的行动者们共同面临的问题。相关文化资源在开发过程中也产生了相对应的问题，主要体现在：发展规划与保护制度不够健全；缺乏统筹规划与合作；过于依赖财政，配套设施不足；呈现方式单调，内涵发掘不够；管理体制复杂，专业人才匮乏。对于该类文化资源的开发以及红色旅游的发展而言，创新则是其持续且积极推进的关键点，为促进红色旅游创新发展，要适时对包括个人、企业、区域和国家4个层面进行红色旅游创新能力测评，进而寻求多方路径提升红色旅游创新能力。

在宏观研究的基础下，部分学者着重对红色旅游于个别案例中的应用展开研究与分析，主要是针对某个旅游项目的资源开发和规划策略开展。热点研究问题主要是文化遗产的现状保护与保护机制、资源的旅游开发方式等。在具体的研究方法上，有学者采取了定量评价的方式，对部分区域红色资源的开发展开研究，为该领域资源定量评价指标体系提供参考；也有定性与定量相结合的研究方法，通过对红色文化旅游资源的调查研究对其进行评价；还有采取深入的长期走访、调研的方式，研究红色旅游发展过程中对当地资源的整合和可持续利用，以期促进红色旅游与小镇经济的协调发展。在更具体的研究中，通过对红色文化与特色小镇的相互需求关系分析，提出"红色＋特色"的可行性和优势，探讨出通过产业、风貌、空间融入来实现的建设开发路径。随着研究内容的不断深入，红色文化在特色小镇中应用研究的面域也在不断扩大。由于产业在建设中的重要性，产业中红色旅游产品的研发也受到了关注，产品的开发要结合当地特色、地域文化背景等，好的产品设计是规划地旅游业顺利发展举足轻重的环节。在面对旅游发展中不可避免的问题时，要走市场化道路，根据市场的需求有筛选地进行开发、加大产品功能的覆盖。并且在其旅游产品的传播过程中要重视对红色文化、精神内涵的深度挖掘，在此基础上进一步提高旅游产品品质，提升旅游者体验满意度。

由于东西方政体的影响及文化差异等原因，对国外资料的搜集具有局限性，很难全面概括国外对红色文化在特色小镇建设研究的状况。经过对有关外文文献的搜集整理发现，国外对文化遗址的研究重点放在了文化遗产保护和高新恢复技术两大方面。国外对红色旅游没有明确的提法，与之内涵相近的是战地旅游、遗产旅游、资产阶级革命旅游等，研究始于19世纪资产阶级革命战争爆发后，它们对旅游资源的开发形式及目的，类似我国的红色旅游。20世纪末国外开始集中对战地旅游的学术探究，早先的研究者着重于研究战地旅游与政治、社会之间的关系，在政治方面，发现战地旅游会影响政治军事决策、导致政治动荡等。在社会方面，战地旅游会对其有深刻的影响，社会意识形态、社会记忆会影响旅游景点的发展和稳定。更有学者另辟蹊径，以导游手册为切入点对战后旅游目的地的状况进行研究。国外对战地旅游的研究手法多种多样，具体包括了定性研究与定量研究方式等。

1970年代的欧洲出现了"遗产(heritage)"这个概念，了解它的定义有助于甄别遗产旅游的研究范畴，遗产是指前人留给子孙后代加以继承的东西，包括文化传统和客观物品，由物质和非物质两大部分内容组成。遗产旅游的范畴相对而言比较广泛，例如工业遗址的旅游景点也应包含在其框架中。在遗产旅游的研究方面，研究主题主要聚集在旅游的影响与立法机制等方向上。国外学者在充分分析遗产旅游发展过程及作用的前提下，总结了遗产旅游存在的重要性，即提升城市旅游效益、促进文化传承、拓宽城市空间等。遗产旅游在加强民族认同感和自豪感、维护国家统一方面也十分有意义，它可以激发人们的文化自豪感和文化自觉。有学者对文物感知是遗产旅游的核心发表了不同看法，并且通过研究变量的关系进行了论证。不可否认的是，旅游开发会对文化遗产产生影响，国外为了保护文化遗产，制定了相关法律。有学者对遗产旅游的立法保护也进行了研究，认为尽管旅游中商业化程度严重，但保护性立法和案例法在一定程度上取得了成功。总的来说，在国外关于遗产旅游的研究大多采用了定性的方法，而定量相对而言少很多。

3　红色文化资源的调查与应用分析

3.1　文化资源的调查

3.1.1　分布情况

我国截至2016年底累计评选出了3批共300处全国红色旅游经典景区，整体来看它们的空间分布属于集聚型。通过对文献的研究，可将红色旅游经典景区分为3类，具体包括了革命遗址、纪念场所和人造景观。

我国红色旅游经典景区呈北多南少的特征，从地带来看东部最多、西部次之、中部最少。红色旅游经典景区集中分布于10个省区，主要集中在北京、河北、河南、湖北、湖南、广东、山东、陕西、江西等，约占全国经典景区总数的40%。全国红色旅游经典景区在空间分布上呈现出显著差异性，这不仅是受自然地理因素的影响，也是由历史革命活动规律所决定。

3.1.2　表现形式

通过上述对红色文化资源分布情况的分析，可以看出全国红色文化分布较广，资源众多，因此对红色文化的挖掘利用，及如何体现自身特色在特色小镇建设中至关重要。要在小镇建设时充分开发好红色文化，首先就要对文化的表现形式进行了解。该案例在参考诸多文献对红色文化资源分类的基础上，从建设红色文化特色小镇的需要出发，将特色小镇中红色文化的表现形式归纳为实体的和无形的两种，如图3.1所示，实体的红色文化资源包括旧址、文物、纪念构筑物，无形的红色文化资源包括文艺、精神、人物及事件。

图 3.1　红色文化资源的表现形式

（1）旧　址

红色旧居、旧址主要是指革命伟人祖籍地或成长生活过的建筑，以及历史事件、重要机构及活动发生地的遗址。旧居、旧址是红色文化资源中不可或缺的重要部分，其存在意义也得到了社会的广泛理解。在新时代背景下，如何保护和开发革命旧居旧址资源，从而进一步拓宽红色文化的生存之路是一个十分重要的课题。旧址核心资源包括故居、烈士陵园、曾使用过的物品与非物质遗产资源等。

（2）人　物

红色人物主要指亲身参与了革命实践并做出了一定贡献的人。这种贡献或者使当事人因此具有较高的知名度和社会声望、或者使当事人担任重要职务而在某个方面具有代表性、或者因其在重大历史事件中起了重要作用而留下历史印迹等等。

（3）事　件

红色事件主要指中国共产党领导中国人民在革命战争年代进行的有重要影响的各种活动。事件是构成红色文化历史的基本要素，历史则是对过去相关事件的总结记录，如图3.2所示的红军长征，它充分表现了中国共产党人艰苦卓绝的奋争精神。

图 3.2　红军长征

图 3.3　货币

（4）文　物

红色文物指的是与重大相关历史事件和重要人物活动有关的各种用品、用具。这些用品用具是可移动的，通常用于博物馆和纪念馆的主要实物展示、藏品展示，与红色文化紧密相关，如图3.3所示的货币。

（5）纪念构筑物

革命纪念性景观是指后人为纪念这段历史，在拥有红色旅游资源的前提下建造的综合性历史纪念馆、标志性建筑物，包括纪念碑、博物馆及收藏的物品等。其设计特点主要是围绕纪念主题运用艺术手法刺激人们的感官，从而激发人们的情感并产生精神上的共鸣。这些带有革命主题的纪念性景观，是红色文化在特色小镇建设中的具体表现方式，如图3.4所示的人民英雄纪念碑。

（6）文　艺

红色文艺主要指人们在革命战争年代所创作的文学艺术作品，或者是以相关文化资源为对象的文学艺术创作活动及其成果。文学艺术创作主要借助语言、表演、造型等手段进行，如图3.5所示的主题表演。

图 3.4　人民英雄纪念碑　　　　　　　图 3.5　主题表演

（7）精　神

红色精神主要指中国共产党在革命战争年代所形成的意识形态的总和，作为相关历史的沉淀和凝结，继承了中华民族的优秀文化传统，蕴含着社会主义核心价值观的活水源头，是红色文化资源中无形的表现形式之一。

3.1.3　红色文化在景观中的应用方式

红色文化元素是对相关文化的提炼，是其最直观的表现方式，也是其在特色小镇应用中十分重要的内容。典型的色彩搭配，如军绿色与红色，特定的人物、动作，如冲锋，在一定氛围的烘托下让人联想到"红色文化"，这些被称作红色文化元素。它有利于充分挖掘文化内涵，把相关文化元素植入旅游中，对提升旅游文化内涵具有重要的现实意义。在参考了大量相关元素分类方式后，从融入景观设计的角度，经过分析提炼出

3种类型，具体包括符号、标语、文艺、文字、人物、事件等都可以作为旅游设计的手段和元素。

（1）符　号

符号可以理解为负载和传达特定信息的任何存在物，它存在于各种性质的设计领域。红色文化符号包含人、事、物3个方面。"人"指的是在相关文化建设过程中涌现的代表性人物，如毛泽东、雷锋。"事"指的是与革命人物有关的事迹和历史事件，如长征、翻雪山。"物"指的是能够代表红色文化的物品，能够使人们联想到红色文化的符号，如红五星、雷锋帽。在旅游规划中，对相关符号的运用重点体现在"物"，设计过程中运用文化符号，有利于巩固本土特色、宣传文化，探讨文化符号在旅游中的表达方式。红色符号的具体分类见表3.1。

表 3.1　红色符号分类

类型名称	具体内容
人物	毛泽东、雷锋、黄继光、刘胡兰、邱少云、董存瑞等
事件	红军长征、国共谈判、中共一大会址等
物品	红五角星、党徽、雷锋帽、红军装、红旗、红色雕塑等

（2）文　字

标语是为了鼓舞群众、宣传红色文化而在建筑或墙体上书写的文字。标语有特定的表现形式，颜色选用红色或黑色，字体多为黑体，方方正正，通常也会用伟人的书法做标语，如毛泽东同志的书法——"毛体"。标语内容多为口号、宣传语、名言警句，如图3.6、图3.7所示，如：为人民服务。因标语具有积极而正面的意义，常用于宣传。

图 3.6　标语

图 3.7　标语

（3）文 创

文创产品的内容较为丰富，包含歌曲、题材小说、宣传画、文化产品等，如图3.8、图3.9所示。宣传画主要起到宣传政治、运动的作用，以鼓舞人们鼓足干劲建设社会主义。相关文创内容和题材涉及经济、文化、教育等方面。歌曲在传播形式上以革命历史为主要题材，将其文化精神通过现代化的歌舞表现出来。相关文创产品是把红色元素融入产品设计中，这不但成为中国大众喜闻乐见的美术作品形式之一，也是新中国成立以来发展最为成功的艺术形式之一。

图3.8 宣传画

图3.9 文创产品

3.2 特色小镇的应用案例

3.2.1 特色小镇的案例选择

我国红色文化主要分布在江西、贵州、云南、福建、广东、湖南等省份，相关遗址众多。目前，我国拥有此类文化资源的小城镇大多以旅游开发为着手点，从而带动当地第三产业的发展。红色旅游支撑下的小镇规划，主要是指以对相关文化资源的保护与开发为出发点，以促进社会经济发展和提高居民的生活水平为目的的旅游地开发。然而不同的特色小镇，在开发时的侧重点也有所不同，因此本节依据不同的特色小镇发展模式，选取了3种形式的特色小镇开发案例，同时也是红色文化分布的不同省份，以此来归纳特色小镇在建设中的借鉴点。3种模式包括了基于旧址改造进行开发的广东高潭小镇、打造品牌效应进行开发的福建古田小镇和发展红色活动进行开发的浙江梅岐小镇。

3.2.2 特色小镇的应用案例

3.2.2.1 改造革命旧址进行开发的小镇——高潭特色小镇

（1）项目背景

高潭镇位于广东省惠州市惠东县东北山区，是全国最早建立的区级苏维埃政权地区之一，素有"东江红都""广东井冈山"之称，红色资源丰富，如图3.10所示。近年来，高潭镇切实加强对革命旧址资源的保护开发利用，加大对革命老区的民生投入，全力打造高潭文旅小镇，走出了一条"红色为基""红绿相融"的高质量发展之路。

（2）红色文化的应用总结

第一，高潭镇在当地党委、政府的支持下，对革命时期的旧址遗迹进行了修缮，如图3.11所示。修缮旧址包括了中洞革命旧址、红军医院、红军炮台等，并且对中洞革命烈士纪念碑进行了重修。另外提升陈列布展，重点建设高潭革命历史陈列馆，新建甘溪5个党员纪念园和中洞革命纪念广场，改造"马列街"等一批项目，并大力发展成为惠州市教育基地。

第二，在革命旧址修复完成的基础上，高潭镇大力推动旅游产业发展。高潭交通、通信等基础设施也在不断完善，旅游景点和游客均大幅增加，推广了"东江红都"品牌，高潭特色小镇的影响力明显提升。当地群众通过开发相关旅游产品、建立主题民宿、推广文化美食等红色文化产业链增加经济收入，从而提高了村民的生活水平。

第三，高潭镇在红色旅游产业不断完善发展的基础上，推进红色文化与地方文化、生态文化融合发展。发挥高潭特色产业优势，即高潭茶文化产业，以农业产业为依托，以旅游产业为抓手，推行"特色产业+农户"的经营方式，促进红、绿产业融合发展。

图 3.10　高潭老苏区革命纪念堂

图 3.11　高潭镇雕塑

3.2.2.2　打造品牌效应进行开发的小镇——古田小镇

（1）项目背景

古田镇位于福建省龙岩市上杭县，是著名的"古田会议"旧址所在地，也是中国历史文化名镇、全国文明村镇、全国5A级旅游景区。境内交通条件十分优越，位于龙岩半小时和厦门两小时城市经济圈内。2017年，在有关部门多次调研后，决定在吴地建设以"弘扬古田初心，牢记时代使命"为主题的"不忘初心"党性教育培训活动实践基地。由此，古田特色小镇应运而生，如图3.12所示。

图 3.12　古田小镇

（2）红色文化的应用特色

第一，特色的产业形态。依托"新古田会议"召开的持续影响力和"古田会议"的历史地位及品牌效应，形成了以旅游产业为主导，融教育培训、文化创意、生态休闲、养生养老等新兴经济板块协同发展的产业大格局。

第二，独特的城镇风貌。古田镇建设坚持遵循"传统魂、现代骨和自然衣"的原则，按照当地传统建筑（白墙灰瓦坡屋顶）风格建造，小镇统一规划，与周边的古田会议会址、红军政治部旧址等历史遗迹协调发展，结合山水环境，打造传统与现代、历史与发展结合紧密的城镇风貌特色。古田小镇在规划中运用了大量的红色文化元素，如图3.13所示的墙体彩绘、雕塑等，红色文化融入了古田小镇的每一个细节，形成了独特的风貌。

图 3.13　古田墙绘

图 3.14　古田会议会址

　　第三，红色文化与客家文化的协同发展。古田特色小镇作为客家民系形成的腹地，小城镇在文化建设过程中注重了对客家建筑风貌、村落形制的保护与传承。在最大限度保护好村镇风貌、尊重当地客家文化的发展基础上，植入了红色文化元素，再现红军生活生产奋斗的场景。如图3.14所示的古田会议会址，标语与传统建筑完美融合、交相辉映。

3.2.2.3　发展红色活动进行开发的小镇——梅岐小镇

（1）项目背景

　　梅岐村位于浙江省景宁县东部，地处文成、景宁两县交界地带。1936年3月，全县第一个中共地下党支部在此建立，自此种下了梅岐村革命的种子。梅岐村是全县的"三大源头之地"，即全县红色革命发源地、县城饮用水源地以及"华东第一峡"炉西峡发源地，人杰地灵，环境优美，如图3.15所示。2017年以来，景宁县梅岐乡党委政府以小城镇环境综合整治为切入点和突破口，全力打造"红色小镇、多彩梅岐"。

（2）红色文化应用特色

　　第一，丰富的文化活动。自2017年以来，梅岐村开展了四届红色文化旅游节，如图3.16所示。来自各地的游客走进革命圣地，重温红色岁月，触摸历史脉动。红色文化节充分发挥梅岐乡红色文化资源和绿色生态优势，活动开展形式多样，如红军街参观、特色美食展销、运动会等，寓教于乐，对传承红色文化，进行爱国主义教育，促进社会精神文明建设具有积极的意义。

　　第二，健全的公共基础配套设施。梅岐村在整治村庄环境的基础上，对村庄内基础设施进行了整体规划，主要通过新建停车场、完成垃圾分类工作、垃圾桶配置到位到户、修缮提升公厕（图3.17）等途径来完善村庄基建工程。除此之外，3A景区接待中心、

图 3.15　梅岐小镇

清水绕村、石斛精品小院一条街、游步道、亲水平台等项目也同步推进。完备的公共基础设施建设给梅岐村红色旅游业发展提供了保障。

图3.16　梅岐红色文化旅游节　　　　　　3.17　旅游公厕

　　第三，多样的产业融合发展途径。梅岐村结合"第一党支部"、红色学校、市级党性教学基地等基因、元素，发展旅游产业，做大做强"红旅融合"文章。利用全市最大的铁皮石斛林下经济基地，发展石斛小院、蜂蜜养殖等产业，做大做强"农旅融合""产旅融合"；依托国家级保护文物"母子廊桥"等历史文化和古村落的保护和利用，大力发展农家乐综合体，做大做强"文旅融合"文章。

3.3　红色文化主题特色小镇的文化需求

　　在特色小镇中运用红色文化，首先就要对其文化进行深入的挖掘，特色小镇的"特"就是要"特别"，基于前文对特色小镇定义的理解，文化是特色小镇的内涵，产业是其发展的核心动力，特色主要体现在特色产业、空间、整体风貌三大方面。

　　"特色小镇"作为我国城镇化发展的新模式，在建设实践中取得了一定成绩，但同时也暴露出现实实践和价值认同等方面的问题。独特的红色文化是区域性革命历史形成的宝贵财富，具有引领思想价值意识、有利于社会经济发展、发挥导向和社会整合作用的巨大功能，正是该类特色小镇建设所需要的文化支撑。要将红色文化应用于特色小镇建设，科学构建红色文化融入特色小镇建设的应用路径，首先就要对两者间的相互需求关系进行深入的分析。

3.3.1　红色文化对特色小镇的需求

（1）保护提升现有红色文化

　　红色文化包含两种类型，一种是物质形态如旧址、遗产和战斗遗迹等，这种类型的文化随着时间的推移，人们在生活的使用时会不可避免的对其产生损耗。另一种是非物质形态如长征精神、井冈山精神等，而这种类型的红色文化可能在传承的过程中部分丢失。正因此，特色小镇在规划建设时需要对现有红色文化进行保护与提升。而对于非物质形态的红色文化而言，要融入时代精神，使红色精神与时俱进。只有在现有基础上进行科学合理的保护，才能进一步地提升与发展当地红色文化。

（2）挖掘未开发的红色文化

在一些经济落后的地区或是交通不便的山区，受条件的限制，有许多十分宝贵的红色文化资源没有被完整的开发出来，因此特色小镇建设对于潜在红色文化的挖掘是非常重要的。随着近几年国家对公民精神层面提升的重视，随着社会的发展与经济水平的提升，先进的科技水平使挖掘与整合未开发的红色文化成为可能。特色小镇建设中对于文化的挖掘，有利于将未开发的红色文化变为现有资源，以防红色文化还未开发就渐渐消失在人们的视野中。

（3）延伸并发展红色文化

延伸并发展红色文化指的是扩大文化利用的广度，加深文化利用的深度。首先，就扩大文化利用广度而言，在特色小镇建设时采用合理手段分析利用现有资源的前提下，适当增加红色文化的数量、开发更多文化的形式，比如建立革命纪念馆、开创纪念品等。其次，就加深文化利用深度来说，不仅仅局限于讲解、宣传红色文化，可以通过开设红色学堂、开展红色体验更深层次地展现历史、体会红色精神。

（4）形成旅游产业集群

当前，许多红色景点在旅游开发中都是单一的形式存在，分布散乱缺乏整合开发，对于红色文化体系的发展不利。以产业集群的视角来看红色旅游，有利于促进企业的竞争与合作。在特色小镇建设中，第一步就是对当地红色文化进行基本的了解，因为本地红色文化资源是旅游产业开发的最大吸引点。接下来针对已掌握的资源进行系统地开发建设，适当地补齐所缺少的内容，多个企业在竞争与合作中对特色小镇进行服务。特色小镇的运营产业，应包括吃、住、行、游、购、娱六大旅游产业要素。企业间的良性竞争有助于产业的提升与创新，同时合作也可以降低成本。

3.3.2　特色小镇对红色文化的需求

在特色小镇这个集"产、城、人、文"于一体的发展平台中，"内核"是文化，特色的文化可以增加居民的认同感，也赋予了小镇内在的灵魂。特色缺失已成为当下特色小镇建设面临的重点问题，文化作为补齐小镇软实力的重要一环要重点探究。红色文化是红色特色小镇的灵魂，也是小镇性格的外在体现，上至管理者，下至老百姓都要充分认识其对于特色小镇建设的重要作用。红色文化作为文化的一种，在融入特色小镇建设时具有突出的价值意义，能够增强小镇的文化凝聚力、强化文化特色和培育创业创新文化。

（1）增强特色小镇的文化凝聚力

特色小镇不是严格意义上的"镇"，因其特殊的定义方式，需要建立赖以维系的共同精神纽带，需要具有将当地居民聚合、联结在一起的文化凝聚力。和古镇相比，特色小镇的文化积淀显得较为薄弱、文化基础不深，又因其创业创新主体各自文化的多元性，形成了多样的文化背景和文化碰撞，因此需要普遍认同的红色文化来起到凝聚作用，需要红色精神来起到感染作用。特色小镇居民往往以职业进行聚集，缺乏共同的精神纽带和归属感，因此，在特色小镇要重视文化凝聚力的培育，更需要发挥红色文化引领作用，使特色小镇建设符合时代的发展要求，红色文化中蕴含的政治立场、价值追求和奉献精神正是特色小镇所需要的。

（2）强化特色小镇的文化特色

文化特色相较于产业特色更为基础、广泛、深厚。红色文化可以赋予产业、生态、功能更加丰富的内涵和鲜活的灵气。特色小镇的个性可以通过红色文化来彰显，更好地展示特色小镇独特的生活、生产、人文、风貌，体现出特色小镇精神气质。特色小镇的文化特色是各文化相互协同作用下所产生的新物质。红色文化在每个地区都有不同的内容，特色小镇中当地红色文化的应用可以防止因抄袭、复制而造成的"千镇一面"现象。要坚持因地制宜，既立足本土，传承历史，深入挖掘红色文化的优势，又要用红色文化引领发展，使红色文化特色与当代文化相适应。

（3）发展特色小镇的文化经济

首先，红色文化是特色小镇经济建设的文化驱动力。经济与文化相互影响、相互作用，红色文化有发扬民主、调动积极性的作用，蕴含着不怕困难、艰苦奋斗、积极进取的精神等。特色小镇经济建设的强大文化驱动力正是蕴含着这些精神的红色文化。其次，红色文化是特色小镇经济发展的媒介。基于对红色文化及革命时期的红色精神的追求，社会各界以不同的方式来支持红色地区的经济发展，政府也积极开展红色旅游扶贫政策，红色文化成为了地区经济发展的牵引和媒介。最后，红色文化为特色小镇产业发展提供了新的经济增长点。文化遗址、革命旧居、历史故事等，都是特色小镇产业建设过程中可利用发展的资源。现在，红色文化的开发大多以旅游为主，依托"红色旅游"带动相关产品的研发，带动相关产业发展，在这一过程中红色资源转化成为了经济发展资源。

3.4 红色文化在特色小镇中应用存在的问题

3.4.1 文化空间未形成

旅游小镇的文化空间打造较为薄弱。首先，没有形成对区域大文化空间的打造。缺乏对区域内旅游景点的充分分析，从而无法嵌入区域旅游发展的整体布局，无法培养区域旅游环境、打造全域旅游线路，忽视了红色文化旅游与区域整体布局间的关系。其次，小镇内部缺乏合理文化分区。政府在统筹规划中，忽略了红色旅游小镇的整体性，红色资源的分散、分区的不合理也致使居民生活和游客出行不便、旅游成本增加、观光体验效果降低，而且对当地文化完整性也没有起到保护的作用。许多旅游小镇功能分区不明显，规划时对各个分区的定位不够清晰，造成了分区间的活动、项目等设置重复的问题，从而无法深入展示不同分区的内容，无法凸显出分区的特点。再次，交通游线对空间的串联不合理。交通是旅游发展的必要基础，许多小镇在交通游线设计时缺少必要的分析计算，导致道路及游线组织不合理，景点通达程度低。部分交通道路没有成环、串联不完整，导致游线动线不直观便捷。有的小镇则是内部交通便利，却缺乏与周边景点的交通组织。

3.4.2　文化风貌不明显

红色文化在旅游特色小镇风貌中的展现较为薄弱现象普遍存在。同质化严重、缺乏个性，是一个普遍问题，没有特色的文化支撑就无法形成小镇自己的景观风貌。一方面，各地区红色旅游项目因距离近，自然地理条件、景区风貌、文化风俗等较为相似，经济上产业关联性较强，容易出现同质性，从而失去竞争优势被淘汰。另一方面，许多红色旅游小镇缺乏对当地文化的深度挖掘，开发一些缺乏文化内涵的产品，没有有效利用当地特有的人文环境和生态环境，只追求短期效益，导致红色小镇内的建筑风格把握、人文景观以及文化活动的开展等方面均体现不出地域文化个性、红色文化特点，从而无法在小镇景观风貌中进行红色文化的融入。

另外，公共基础设施是文化风貌展现中的重要一环。当前红色旅游特色小镇培育创建工作处于开发初期，小镇的交通、生活居住等公共服务体系还不够完善，小镇的风貌建设无法展开。不断扩大的旅游特色小镇建设规模，对公共服务设施的完善提出了更高的要求。而现实情况是部分红色小镇缺乏住宿餐饮、公共卫生间等公共服务设施，道路交通不够通达且缺乏正规停车场（图3.18），公共服务设施建设的不统一造成了资源浪费，同时也影响了旅游小镇的风貌，如图3.19所示。

图 3.18　缺乏规划的停车场　　　　图 3.19　缺乏垃圾桶的小镇风貌

3.4.3　文化产业不健全

随着观光旅游和体验旅游越来越普及，打破了曾经以景点为主的旅游消费格局。但是，许多红色旅游小镇的旅游资源分布零散，没有进行合理而有序的串联，从而没有形成完整的旅游产业体系，影响了当地旅游业的发展。另外，红色旅游产业与其他产业的产业链关联性不强，内部缺乏有效合理的分工与协作。旅游品牌发展战略不合理，旅游产品体系不健全，降低了旅游市场竞争力。

旅游小镇产业开发建设还存在缺乏融资、产业模式单一的问题。当前，对于外来资本注入，还没有建立完备的制度保障体系。投融资模式单一化、不灵活，造成企业投资回报率低。从产业开发的主体层面来看，一方面政府财政收入有限，对旅游业的投入能力不足，无法引入多元化的资金链，无法打造小镇的特色旅游产品体系，拓宽红色产业的发展渠道，不能满足旅游小镇的开发需要。另一方面部分企业资本注入能力差，实力不足，导致项目质量不过关，进度缓慢，新的产业模式无法深入进行发展。

3.5 本章小结

旅游特色小镇是特色小镇中重要的发展类型，在新型城镇化中发挥着重要作用，关于它的研究也将不断深化。本章通过对红色文化在特色小镇的应用进行探讨，发现特色小镇建设有利于保护、挖掘、延伸红色文化，以及形成红色产业集群的作用。而同样地，红色文化对于特色小镇的开发建设有显著的促进作用。红色文化与特色小镇两者之间，既相互影响又相互促进，两者的融合发展有其必然性。发展红色旅游小镇首先要对红色文化元素进行应用的分类，在分类的基础上才能有针对性地提出规划方法。通过对高潭、古田、梅岐3个红色小镇的案例分析，针对旅游特色小镇建设中的现存问题进行概括，主要是文化空间未形成、文化风貌不明显、文化产业不健全三大方面，以期对之后的红色特色小镇的发展提供借鉴。

4 红色文化在红色特色小镇中的应用方法

4.1 红色文化在红色特色小镇中的应用原则

4.1.1 坚持联系与区别相结合

把握好联系与区别相结合的原则。一方面，坚持有联系的价值导向。尽管红色文化的价值具有普遍运用的合理性，然而红色文化在不同地区展现出不同的内容。在将红色文化融入特色小镇建设的过程中，许多地区在经验上有所欠缺，应该支持小镇借鉴其他地区的先进经验。另一方面，不能照搬其他小镇的发展模式和建设路径，应该看到地区在地域特征、文化历史、发展水平等方面的差异性，要因地制宜地发展，将红色文化融进特色小镇建设中。

4.1.2 坚持继承与创新相结合

把握好继承与创新相结合的原则。在将红色文化融入特色小镇建设的过程中，要正确处理好继承与创新的关系。对红色文化的继承和发展，是我们建设社会主义精神文明的一项必不可少的任务，红色文化是我们不能脱离的背景，发展是我们必须面对的现实问题。挖掘红色文化应用于特色小镇建设，本身就是将红色文化与现代化建设相结合，本质就是发展。在红色文化的开发运用过程中，要坚持"取其精华，去其糟粕"，批判地继承红色文化，积极传承红色文化的优秀因素，将其融入到特色小镇精神建设中。在继承红色文化的基础上建设特色小镇，发挥社会成员作为创造主体的创新潜力，实现红色文化的创新开发，从而促进特色小镇的文化创新建设。

4.1.3　符合社会发展的总体要求

把握好红色文化创新要符合社会发展总体要求的原则。红色文化融入特色小镇建设，不能局部地片面地看待，要将文化的开发与创新置于社会发展的整体格局中，使红色文化与各文化要素相互交织。正确处理好红色文化融入特色小镇建设过程中与经济、生态等方面的关系，符合社会发展的总体要求，顺应时代的潮流，实现文化与特色小镇建设协力创新、持续发展。

4.2　红色文化在红色特色小镇中的应用流程

4.2.1　现状调查

对规划地现状调查是进一步分析评价的基础，它是规划中最首要最基础的流程。资源调查的内容应该包含四大方面，即规划地的区位、交通、资源概况和社会经济条件。区位的分析要细致，要能直观地体现规划地的周边环境和可利用发展的优势。交通分析要从外部交通和内部交通两个方面展开，外部分析有助于分析规划外部客源等内容，内部分析则直接影响着规划的范围。资源概况应包含3个部分的内容，即自然条件、总体资源、红色文化资源。社会经济条件则包含了小镇人口、社会组成、经济现状情况、产业发展情况等。基于综合调研，针对红色资源的调查应该是分析的重点，除了对伟人旧居、战斗遗址遗迹、纪念性景观的现状分析外，还要注意非物质性的资源调查，如毛泽东诗词、革命精神、革命故事等。在此基础上进行调查对象的位置、情况、可利用程度进行记录，调查过程中还可通过对当地村民进行问卷调查等方式。

4.2.2　资源评价

资源评价是对现状调查的分析判断，也是规划发展的前提，具体由红色景观资源分类、红色资源定量评价两部分构成。就红色景观资源分类来说，根据前文所归纳的分类方法，将红色旅游资源分为革命旧居旧址、战斗遗址遗迹、革命纪念性景观和红色非物质文化遗产4种类型。在合理的资源分类基础上进行红色资源定量评价，确定不同类型资源的分布情况、等级，分析出红色资源的可利用程度，初步判断每种类型的发展方向和规划目标。

4.2.3　规划方法编制

红色旅游小镇规划分为两大部分，一是对规划区的总体规划；二是对红色文化的专项规划。总体规划应该从规划定位、总体规划布局、景观风貌规划、产业规划等方面进行，具体包括分区规划、道路系统规划、建筑风貌规划、开发强度控制和重点产业等内容。红色专项规划应该基于文化保护原则，从空间规划、风貌规划、旅游产业规划、具体详细设计4个方面来展开。空间规划应包含区域空间规划、分区空间规划和旅游线路规划。风貌规划要从景观风貌规划、建筑风貌规划和公共基础设施规划3个方面切入。而旅游产业规划要从旅游产业活动规划、旅游产品规划、旅游餐饮规划和旅游住宿规划4个方面来进行。具体详细设计要从旧址开发、战斗遗迹开发、纪念性景观开发和公共空间的开发角度来设计，将红色历史背景融入景观规划。

4.3　红色文化在红色特色小镇建设中规划层面的应用路径

4.3.1　打造文化空间

打造文化空间，主要通过将红色文化进行区域规划、分区规划、交通游线规划3个层面的途径来完成，它们层层递进，并且逐层细化。首先就是要站在高的视角来分析整个区域空间规划的问题，将红色文化融入区域文化大空间。其次，还要考虑特色小镇内部的空间规划，对规划区进行细化分区。最后通过游线的规划和道路的组织来串联大空间、小空间，形成空间内的交通网络。

（1）面——区域空间规划

红色文化是区域文化的一部分，要注重与区域文化的竞争合作关系，在抓住自身文化特色的基础上融入区域文化大格局。把区域空间作为大的旅游发展背景，合理运用区域的发展政策，区域自然资源、旅游资源、文化资源联合发展，为特色小镇的红色文化空间规划提供思路。

将旅游小镇嵌入区域旅游整体布局。旅游小镇不仅需要体现全域旅游的整体美观性，不能忽视红色旅游与整体布局之间的关系。同时，要注重一定地区内特色小镇的差异化，用好用足区域旅游资源，如基础设施规划、景区风格、客源等，做到能够真正把红色产业与旅游相结合，形成当地特色小镇旅游体系，与周边地区进行功能互补，降低客源的竞争性，最大限度发挥小镇的效应。通过自身红色旅游与其他产业发展，吸引区域内的其他资源进行交流，从而丰富小镇产业资源与旅游资源。与区域内的文化特色小镇实行差异化建设，特色产业与旅游服务业协同发展、相融共生。

（2）点——小镇分区规划

在融入区域文化大格局的基础上，将红色文化融入小镇的小空间中。合理分析特色小镇各个区域现状及文化背景，旅游小镇的文化往往不是单一的某种文化，而是多种文化的构成，每种文化的发展程度也不尽相同。因此，在旅游小镇分区规划中，也不是均衡的，要有的放矢地对特色小镇内空间进行功能划分，并依此进行合理的布局分区。不同的功能空间承担不同的职责，合理地划分空间才能更好地对特色小镇整体空间建设进行把控。

（3）线——交通游线规划

在合理利用区域文化大空间、划分小镇小空间的基础上，通过旅游线路合理串联区域红色资源，形成区域旅游路径。首先要通过区域道路系统的规划来疏通大空间与小空间之间的旅游格局联系，加速推动区域旅游协同发展、资源共享。其次，要建立分区与分区之间的联系通道，小镇内部交通要在满足消防条件的同时，覆盖到各个空间及各个景点项目，形成点、线、面多层次的特色小镇交通空间构架。

4.3.2　建设文化风貌

选取具有代表性的红色文化控制要素为引领，以此提出具体的文化风貌控制引导要求，建设特色小镇。村落格局、人居环境、建筑风格等都可以体现出小镇的风貌。全国很多各地新建小镇，建筑风格混搭、色彩各异，千篇一律，没有自己的特点和风貌，要加强对红色文化融入小镇整体风貌的研究。本节通过对景观风貌规划、建筑风貌规划及公共基础设施规划3个部分展开论述，多角度地分析提出建设红色文化风貌策略。

（1）景观风貌规划

红色文化在特色小镇的景观风貌规划不是单一的个体，是山体、水系、道路、农田、山林的有机结合体。首先要选取与文化小镇景观风貌相关联的自然及人文要素进行系统控制和引导。景观风貌规划应尊重地方历史文化特征，创造具有地方特色与红色记忆感的小镇景观风貌。其次，要明确山水要素是构成小镇景观风貌结构的重要组成部分，珍惜山水环境资源，强化山水特色，运用生态理念，将景观渗透到规划区域的各个角落，力求达到山水与小镇融合共生。自然山体的绿化、小镇天际线的处理、水系边缘流线的美化，科学规划道路的宽窄、道路的起伏，以及合理设计农田的形状等手段，都可以将红色文化融入到景观风貌规划中。

（2）建筑风貌规划

建筑是构成旅游小镇景观的基本实体单元，也是景观风貌最主要的决定因素之一。红色文化融入特色小镇，要注重建筑风貌的整体统一，以大面积风貌统一的民居建筑做底，辅以适量民俗民风建筑，红色文化元素为建筑色彩提供参考借鉴。将当地文化元素与红色元素结合在一起，建筑与环境融为一体，既反映了传统生活方式和红色文化历史，也展现了小镇全新的风貌。第一，在建筑形态上，考虑小镇传统空间肌理格局的延续。商业建筑可以群体组合为主，结合轴线进行组织；一般性建筑形体简洁，重点建筑形体变化丰富。第二，在建筑风格上，以当地文化为首要参考要素，同时融入红色文化特色，形成简约、实用，但又富有文化底蕴的建筑风格。第三，在建筑高度上，在分析用地性质的基础上，可适当加大开发强度，控制建筑高度，以形成层次丰富的天际轮廓。第四，在建筑材料上，建议以规划地乡土材料为主，砖、石材、灰瓦等传统材料可大量使用，同时要注意传统材料砌筑工艺的运用和材料质感、肌理的处理。部分特色建筑可适当采用质感涂料以及可塑性强、有现代感的建筑材料。第五，在建筑色彩上，为突出红色文化特色小镇的风貌，建议选取灰白色调为主，辅以暖色系列的红棕色系，形成冷暖变化，商业街区可选用较丰富的色彩。

（3）公共基础设施规划

红色旅游特色小镇发展对地区旅游基础设施和公共服务体系提出了较高要求。公共基础设施是特色小镇中红色旅游发展的基石，是小镇中分布最广、布置最多的景观小品，能最直观地展现出一个小镇的文化风貌。完备的公共服务体系促进红色特色小镇稳定发展，配套的旅游基础设施是综合旅游产品的根本。红色特色小镇的影响半径受交通基础设施完程度的影响，因此，政府部门要完善公共服务体系、旅游管理体制，大力发展信息资源共享平台，构建旅游数据中心。建立旅游小镇基础设施如交通、游客中心、景区信息化建设、标识标牌配套等，完善住宿、餐饮、娱乐等旅游服务设施，保障小镇的产业发展需要与居民生产生活需要。在对公共基础设施的风貌规划时，要对红色文化元素进行提炼并抽象表达，将红色符号、红色图案、红色故事融入到公共基础设施的设计中，通过细节把控红色文化风貌。

4.3.3　发展文化产业

特色产业是小镇发展的核心动力，只有挖掘现有资源，梳理整合多元文化，因地制宜地选择产业，才能形成文化、产业、旅游立体发展的整体格局，才能迎合小镇的发展需求打造有生命力的特色产业。一方面红色文化资源为产业的发展提供更多的可能，另一方面产业的发展也为红色文化注入了新的活力。

红色文化融入产业。首先，就要积极打造红色文化产业。要将红色文化融入特色小镇建设中，利用当地特色文化资源，以发展红色文化产业为主线，完善特色小镇配套设施建设。依靠小镇亮点打造红色景区品牌，从而成为景区的新名片。在充分衡量当地旅游资源和探索游客消费心理的基础上，进行旅游产品设计。要注重产品多样性、层次性与全面性，从空间功能划分与时间季节性搭配等方面进行切入，实现旅游产业链一体化。另外还要注意旅游开发时对生态环境以及红色文化的保护，营造具有当地特色的旅游文化氛围。在文化产业发展的过程中进行创新，将多种红色文化融入特色小镇建设，如建立文化产业园区、整合资源形成产业链、利用历史故事及歌谣发展文化艺术等等。

其次，红色旅游业应主动与其他产业融合，延长相关产业链，拓宽旅游产业边界，打造"文化+传统产业"的特色主导产业格局。可以将红色文化与独特的地方文化、少数民族文化和自然生态文化相结合，形成地方独有的区域文化。在充分挖掘地方文化资源的基础上，利用传统产业积淀，进行资源的整合与提升，形成"文化+传统产业"的地方特色主导产业格局。探索产业更多发展路径的可能，拓宽旅游的多种形式，如体验旅游、会展旅游、学习考察旅游等。笔者选取了活动、产品、餐饮及住宿4个方面来达到红色文化融入产业目的。

（1）活动规划

活动是红色旅游中的重要环节，开展相关活动可以丰富旅游产业的形式，增强游客的体验，踏寻先辈遗迹，弘扬革命精神，加深游客们对红色文化的感受。红色旅游活动可以分为体验性活动和参与性活动。首先，开展体验性活动，使游客了解旅游小镇的文化历史、感受到红色文化的熏陶。开展观看相关电影、学习相关歌曲、参观文化馆、探望慰问革命老兵等形式的体验性活动。其次，开展参与性活动，使旅游主体切身加入到旅游活动中，参与程度更高，感受更为深刻。参与性活动的形式多种多样，比如重走红军路、行军野餐、运动会、文化节、美食节、知识竞赛等形式都属于参与性活动。

（2）产品规划

　　旅游产品是旅游地文化的物质载体，可以精练地体现地方特色。要重视旅游产业中的产品规划，规划的目的是为了宣传规划地红色文化，在规划初期进行市场趋势的分析，提炼红色元素融入产品设计中，在不同的时间段、针对不同的人群都应有区别地进行产品设计，保持对产品的更新设计。开发包含旅游纪念品、收藏品、怀旧产品等形式的产品，如图4.1所示。在设计前要明确产品设计的内容，对产品进行材料、结构、加工方法，以及产品的功能性、合理性、经济性、审美性进行推敲和设计。红色产品最需要传达的就是"红色"精神，最直接的方法就是从革命历史中提炼设计元素，运用概念诠释的方法来为顾客传达一种象征感。除了对文化相关的人和事物进行提炼外，还要加上一定的色彩氛围营造，使之符合当代大众的审美需求，如图4.1所示的文化产品，人们可以感受到符号背后所传达的内在价值。

图 4.1　文化产品

（3）餐饮规划

　　人们生活水平的提高，导致餐饮旅游产品在旅游业中的比重逐渐增大。饮食是最能体现地方文化的方式，能够加深游客的旅游记忆。餐饮规划要从两方面着手推进，一方面是餐厅的规划设计，餐饮空间的主题设计是整体设计的灵魂，更是赋予餐饮空间文化的需求，能够提升餐饮空间的文化品位。餐厅设计时要围绕红色文化主题，在外观上融入红色元素，内部把家具、织物、灯具、装饰品等合理地规划到整个空间中，营造出一种红色文化氛围,让人们有历史再现的感觉,并在用餐过程中得到一种精神享受与升华。另一方面则是饮食的规划,根据旅游目标市场的特点,采用精美的影视宣传片、主题会展等公关活动来抓住旅游者的目光,提升市场形象,为旅游餐饮业的发展和壮大营造良好的外部环境。强化红色饮食品牌的打造,比如宣传相关饮食文化的内涵和历史特色、名店以及各种菜肴名品等,还可以通过开展美食节等形式来丰富红色餐饮规划。

（4）住宿规划

新市场与经营环境下,游客需求日益提升,住宿不仅仅是基本的生存需求,更多的是精神层面的享受。这就要求酒店行业开发者提供给游客更多独具特色的选择,体现差异化从而取得竞争优势,因此住宿与地域文化的全面结合是未来旅游业竞争的一种趋势。在这种背景下,主题酒店、主题客栈应运而生,主题住宿的"主题"是特色经营的核心所在。红色主题住宿规划要在认真考量住宿的周围环境、装修、地理位置等相关因素的基础上,从建筑设计、房间主题设计、公共空间设计等方面入手,在民宿设计中增加红色文化元素,例如摆设文化产品,播放历史宣传片、红色歌曲等,也可设置涂鸦墙、雕塑等景观小品。

4.4　红色旅游资源在红色特色小镇建设中设计层面的具体应用

根据前文的调查与研究发现,从宏观层面通过将红色文化融入特色小镇的空间、风貌、产业层面有助于红色文化小镇的建设,但红色旅游资源是发展红色旅游的基础,对其做出科学细致的分类是红色旅游特色小镇开发工作的前提。红色旅游资源指的是中国共产党成立以后,党在不同历史时期重要的革命纪念地、纪念物及其所承载的革命精神。

4.4.1　革命旧居、旧址类

（1）革命建筑

在特色小镇建设中,许多红色革命旧居旧址建筑存在构筑物破损严重、红色文化展示不足等方面的问题,针对这个情况对特色小镇中的革命旧居旧址建筑进行保护开发,在设计时需要注意两个方面,一是重视对革命旧居、旧址建筑物的保护及修缮工作。在保护的前提下,尽可能地对革命构筑物进行复原和维修工作,不能破坏其原有形态和本质属性。另外还需对革命旧居旧址进行景观的改造提升,通过对周边环境的整治、景观小品的设置,突出革命旧居旧址的主体作用。二是在设计前要充分挖掘革命建筑的历史。通过查阅书籍、实地走访等形式全方位了解其建造时间、文化背景,提取红色文化元素,通过设置历史宣传栏、语言讲解等形式进行红色文化应用。同时在设计中要注意与地方文化元素的融合,增添特色小镇中革命建筑的本土文化气息。

（2）烈士陵园

烈士陵园是为瞻仰为国牺牲的烈士而建的具有纪念性质的特殊园林景观,烈士陵园的作用包括为烈士营造安静宁谧的长眠环境、为瞻仰者提供肃穆和谐的祭扫环境。

首先要对烈士陵园的空间序列进行打造，它由点和线来组成，起到衔接空间与转换空间的作用。其中点的表现形式有很多种，比如建筑实体，各种构筑物，纪念雕塑墙，纪念碑等，将这些点串联起来，可以营造烈士陵园特有的纪念氛围。空间序列的线可以是轴线，也可以是人们行走的路线。在烈士陵园空间设计中，线可以是陵道，也可以是园中小道。空间序列不能随意更改打乱，要保证它的完整性和秩序性。

其次是对烈士陵园景观环境的打造，对于地形进行选择和分析，以此为基地进行景观环境设计。一是对植物种植方式的把控，在节点入口处采取对植的方式，在节点通道上植物种植采取列植方式，突出景点，营造庄严肃穆的氛围。二是在烈士陵园当中的运用雕塑，雕塑内容围绕革命主题，有可能是单体的形式，作为一个场景的主题，也可能是从属于建筑，是建筑的组成部分。

4.4.2 战斗遗址、遗迹类

战斗遗址是指在第二次国内革命、抗日战争、解放战争期间，在革命战争时期遗留下来的战斗场所和印迹。主要是指重大历史战斗发生地及其遗留下来的物质和非物质遗产。战斗遗址遗迹是革命战争的产物，是历史战斗的沉淀，更是传承红色精神的物质载体和直观展现方式。如图4.2所示的井冈山革命遗址、如图4.3所示的老爷山革命战斗遗址。

图4.2 井冈山革命遗址

图4.3 老爷山革命遗址

在旅游特色小镇建设中，对战斗遗址、遗迹的设计需要注意以下几个方面：一是对于革命战场遗址的保护要严格遵循"保护为主、抢救第一、合理利用、加强管理"的文物工作方针，在不改变遗址现状的基础上，坚持保护与合理利用相结合，达到惠及民生和促进地方经济发展的目的。二是对于没有有效保护的战场遗址要进行修复和整治，可以从周边废旧材料中挑选材料，进行局部修复和周边环境整治，使遗址建筑风格、历史风貌不受到破坏。三是对于消失的、无迹可寻的或是没有保护的战斗遗址，但具有重要意义的，可根据遗址分布特点，在原址基础上进行重建或是挂牌立碑纪念，尽可能使历史风貌和事件得以重现。

4.4.3　革命纪念性景观类

（1）革命纪念碑

纪念碑具有主体性，通常是纪念个人或者群体的，也有纪念历史事件的。纪念碑的设计一是要配合环境特点，并结合空间轴线，要和革命主题相关，达到烘托陵园气氛的作用。二是纪念碑所处的位置要合理安排，用来引导空间和衔接空间。三是在纪念碑自身特点上也要注重处理，包括纪念碑的比例尺度、组合方式、颜色材质等的选择，要体现出当地的地域特色和红色文化特征。四是植物设计时体现烘托纪念气氛、美化环境的作用，使人们在看到纪念碑主体时有肃然起敬的感觉。选择具有象征意义的植物，例如遍植松柏、竹，象征着革命精神，用来歌颂革命战士勇于牺牲的精神，也代表着常青、永恒。

（2）革命纪念馆

由于以前条件所限，大多数革命纪念馆与红色旅游发展的要求尚有不小差距，主要表现在现有的软硬件建设水平不高，观念滞后，定位模糊，内容陈旧，影响力很低，接待能力不强，社会效益与经济效益欠佳的问题。在革命纪念馆设计时，首先，要改善基础设施，创造条件并对已具备开放条件的纪念馆开展环境整治工作，在不改变周边环境风貌的基础上，规范参观游步道、设立指路标识、改造参观停车场、兴建生态公厕、配套相应服务。其次，要更新革命纪念馆展览形式。整理、挖掘、充实纪念馆内新的陈列内容，扬弃图片加文字的"老脸孔"展览，增加新的展示设备。最后，开发革命纪念馆内的互动项目。通过播放红色歌曲活化厚重的历史，让游客如临其境，如历其事。在各个场馆内，积极引进复原又能让观众动手制作的项目。

4.5　本章小结

本章首先阐述了红色文化在特色小镇建设中的应用原则，在应用原则的指导下提出了与之对应的应用流程，即资源调查、资源评价以及规划方法编制3个流程。基于此方法探讨红色文化在融入特色小镇建设时的应用路径，红色文化在特色小镇建设中的应用要通过打造空间、建设风貌、健全产业3种途径来完成。因此在建立特色小镇时，对红色文化的挖掘分析与利用是至关重要的一项工作，通过对红色旅游资源进行分类，对革命旧址旧居、战斗遗址、革命纪念性景观进行应用设计，包括空间序列的营造、景观环境的设计、园林植物的选择等方式。

5 江西龙冈畲族乡旅游风情特色小镇规划实践

5.1 项目概况

5.1.1 区位分析

龙冈畲族乡位于江西省吉安市永丰县县境南部，东接抚州市、南临赣州市，是吉安市、抚州市、赣州市三市的交界处。项目与瑞金、井冈山等国内知名红色旅游城市相望，距离瑞金市153.8km，距井冈山旅游区181.8km。规划范围包括张家车村、凡埠村、集镇、万功山、表湖村、下樟村。

5.1.2 交通分析

5.1.2.1 外部交通分析

抚吉高速从永丰县境内穿过，规划建设广吉高速，与抚吉高速公路、昌宁高速共同构成永丰高速路网，如图5.1所示。龙冈畲族乡对外北接G1517国道，南接G72国道，西部接S223省道至赣州市、北部接S319省道至福建省。境内县道从北到南贯穿，沿县道往北走是上固乡，距莆炎高速路出口10km，规划在2019年能够建成通车。整体而言交通较为便利，但公路的连接等级较低。

如图5.2所示，君埠—龙冈景区连线公路已竣工通车，上固—君田旅游公路于2019年2月底竣工通车。到2020年，所有3A级景区、旅游特色乡镇连接公路达到三级标准。东固—龙冈旅游公路改造已获省交通厅批准立项，并于2019年启动建设（其中永丰境内17.9km，按县道三级标准改造），将进一步提升龙冈特色小镇的景区通达条件。

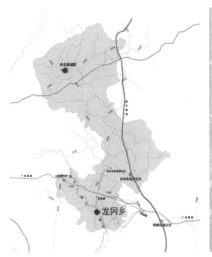

图5.1　区域外部交通分析

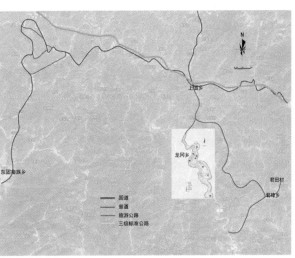

图5.2　外部交通分析

5.1.2.2 内部交通分析

龙冈畲族乡区域内景点主要以龙冈乡为中心点向周边辐射，主要的交通要道是X794，原5m宽，为双车道，15年规划拓宽为8m。其周边分布的景点以县道串联，有相对完整的道路交通体系互相连接（图5.3）。

5.1.3 资源概况

5.1.3.1 总体资源

（1）地形地貌

全乡海拔高程位于100~700m之间，全境地势总体西南略高，向东北倾斜，其中有层峦叠嶂、山势陡峭的深山区；有两侧峡谷、中间梯田层层的坑垅；有四周连绵的山体围绕，中部稻田连片的盆地；也有丘陵起伏的黄壤山地，如图5.4所示。龙冈畲族乡的地形地貌利于农作物的生产，适宜发展特色小镇农业种植。

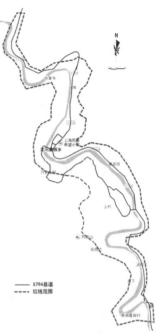

—— X794县道
- - - - 红线范围

图5.3　内部交通分析

图5.4　龙冈特色小镇全貌

（2）植被条件

如图5.5所示，龙冈畲族乡山清水秀，生态环境优美，自然资源丰富。孤江贯穿全境，龙冈特色小镇森林覆盖率为81%，植被覆盖率高达98.2%，古树名木参天，主要树种有松（*Pinus*）、杉（*Cunninghamia lanceolata*）、樟（*Cinnamomum camphora*）、楠（*Phoebe zhennan*）、檀（*Pteroceltis tatarinowii*）等，生长情况良好，形成了独具魅力的绿色生态。龙冈特色小镇的农作物以水稻为主，形成了开阔旷达的稻田景观，千亩的白莲基地形成田园质朴的白莲景观。

（3）水资源条件

龙冈畲族乡境内有孤江及其支流贯穿，属长江流域的二级支流，河道全长148km，其上游有君埠水和空坑水两条支流，水资源充沛。丰水期由于地形坡度大，河流陡涨陡落，水源受到不同程度的污染，短期浑浊，细菌含量大。如图5.6所示，清澈秀丽的孤江河穿境而过，清泉小溪穿梭于山峦之间，形成了独具魅力的水环境。

图 5.5　植被景观

图 5.6　孤江风貌

5.1.3.2　三色资源

　　总体分析龙冈畲族乡内的资源情况，可以概括为"三色资源"。首先，龙冈特有的"蓝色"资源，它是全省8个少数民族乡之一，是畲族同胞的聚集地。畲族人民热爱蓝天，传统服饰的基调色也是蓝色，形成浓厚的"蓝色民俗"。其次，还有着高级别的"红色"文化资源。龙冈具有光荣的革命传统，这里是第一次反"围剿"发生地，中央苏区反"围剿"战斗的第一枪就是在这里打响的。龙冈保留下了大量的红色遗址，包括富家车毛泽东旧居、万功山战场遗址、第一次反围剿纪念碑等等。最后，龙冈拥有优良型"绿色"资源。百亩油茶林、绿色孤江沿岸、樟树林以及白莲基地无不体现规划区的优质生态资源。

　　规划区内群山环绕，孤江涌流，绿水中分龙冈洲，自然环境优美；同时，第一次反"围剿"战役、秤砣寨战斗战场遗迹还在，伟人旧居遗址尚存；龙冈畲族乡也展现出了不同的民族情怀。总的来说，龙冈特色小镇的自然环境和人文背景遥相呼应，"红色历史、绿色生态、蓝色民俗"交相辉映、独具魅力。

图 5.7　三色资源分布图

如图5.7所示，龙冈畲族乡三色资源在空间组合上呈现"中部集中，两端分散"的格局。主要的资源类型分为绿色生态资源、红色历史资源、蓝色民族资源3种，分布位置主要集中在镇域核心区。

5.1.4 社会经济

龙冈有1个社区居委会、10个行政村（其中畲族村3个），总人口1.54万人（其中畲族人口0.43万人）。龙冈村民的收入来源主要是蔬菜和林业种植，部分来自经商和外出打工。截至2016年，全乡实现财税收入约1760万元，农民人均纯收入达到12389元。

龙冈以油茶、白莲为两个主导产业，是江西省闻名遐迩的"油茶之乡"，油茶是传统主导产业，油茶山面积达9万余亩[1]。龙冈畲族乡目前重点培育壮大白莲产业，努力打造江头、毛兰、万功山3个千亩白莲种植基地，计划到2020年做到家家户户种植白莲。同时，依托全乡现有产业状况，计划每年完成油茶、毛竹低改、新造；完成蜜柚种植；龙冈灰鹅养殖年出栏6000羽。近些年来，龙冈乡的社会经济不断发展，农业作为其传统优势产业稳步提高，同时工业产业的发展也呈现出上升的趋势，只有第三产业发展较缓慢，没有形成完整的第三产业体系。

5.1.5 态势分析

5.1.5.1 优 势

龙冈畲族乡规划区内旅游资源丰富，种类繁多。周边还有较为出名的"古"色旅游资源——沙溪西阳宫景区、罗家大屋等；绿色旅游资源——水浆省级自然保护区、大仙岩景区等，加之龙冈自身红色历史底蕴深厚，红色资源丰富，这些都为培育特色小镇的红色旅游发展创造了较好的环境基础，有利于区域旅游体系的健全发展。2005—2012年，国家旅游局陆续提出红色旅游、生态旅游这些有利于规划区第三产业发展的主题。吉安市委提出打造"吉泰走廊"，建设"全国红色旅游精品城市"的战略构想，龙冈位列其中。项目本身红色历史的独特性，周边井冈山市和瑞金市都是红色旅游景区，加上交通条件的日益改善和井冈山红色旅游的持续升温，给处于区域衔接区位置的龙冈特色小镇提供发展红色旅游业更大的生存和发展空间。

5.1.5.2 劣 势

龙冈畲族乡红色旅游开发面临区域间同质替代的威胁，位于项目区周边的井冈山和瑞金不仅游客会被分流，而且旅游区的营销将会受到很大的阻力，目的地竞争较为激烈；该案例规划区内的红色旅游产业体系尚不健全，产业链不完整，产品结构单一，产品的参与性、趣味性和体验性不强；旅游区内可利用红色旅游资源丰富，然而在建设中应用较少，开发不完全，红色文化的特色体现不明显；龙冈特色小镇的旅游开发处于起步阶段，公共基础配套设施不完善，现有的基础设施不能满足村民及游客的旅游、生活需求，配套餐饮、停车场、公厕等缺乏系统合理的规划。

---

[1] 注：1亩 ≈ 666.67m²，余同。

5.2　项目规划思路

5.2.1　规划范围

龙冈畲族乡旅游风情特色小镇的规划范围主要包括龙冈社区、万功山村、表湖村部分约4.64km²，北至龙冈畲寨大门，南至下樟畲族新村。特色小镇核心区主要包括张家车村、凡埠村、集镇，面积约1.47km²，如图5.8所示。

5.2.2　规划目标

整合"红、蓝、绿"三色旅游资源，整体打造"龙上君旅游集聚区"，推动文旅结合、农旅结合。打造以"三色龙冈，文化小镇"为旅游品牌形象定位，重点构建以培育龙冈特色小镇为目的的红色文化休闲产业，融合畲乡风情体验、乡村度假、生态观光的产品业态体系，建设成为业态兴旺、设施完善、环境优越、管理健全的旅游特色小镇，国家4A级旅游景区、江西省旅游风情特色小镇、华东知名文化旅游休闲区。

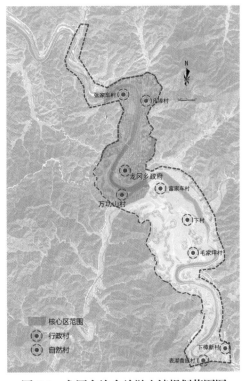

图 5.8　龙冈畲族乡旅游小镇规划范围图

5.2.3　规划布局

根据龙冈的概况和现状调研与分析，发现其缺少整体的规划布局，没有明显的规划结构，导致特色小镇各部分"特色"无法清晰地得以体现，为了着重突出龙冈发展旅游业、孤江水体景观效果，展现龙冈自然风光、少数民族风情、革命文化，对龙冈旅游风情特色小镇的总体规划布局构想为："一心一带四区"，如图5.9所示。

"一心"是指凡埠旅游集散中心。"一带"是指沿孤江打造孤江景观休闲带。"四区"是指田园观光区、张家车乡村文化游憩区、龙冈畲乡风情体验区、万功山红色记忆休闲区。

结合龙冈现有资源及"一心一带四区"的总体空间布局，对四大区域做了有针对性的规划，主要向客源市场提供"红、绿、蓝"三大类的旅游产品项目。如图5.10所示，四大区域包括田园观光区、万功山红色记忆休闲区、张家车乡村文化游憩区、龙冈畲乡风情体验区。

田园观光区包括王家城、张家车村部分范围和下樟村，主打畲族特色的田园风光风貌引景空间建设；张家车乡村文化游憩区包括张家车村，主打乡村文化景观建设；龙冈畲乡风情体验区包括集镇、滨江新区、凡埠村及张家山村、万功山村部分范围，主打有畲族特色的休闲体验区建设；万功山红色记忆休闲区包括万功山、毛家坪，主打以红色文化展示、休闲为主的功能区建设。

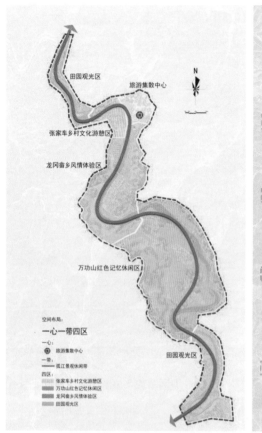

图 5.9　龙冈总体规划布局图　　　　图 5.10　龙冈功能分区规划图

5.2.4　产业规划

　　大力打造永丰县双创平台龙冈畲族风情特色小镇平台，将创新与创业相结合、线上与线下相结合、孵化与投资相结合，强化开放共享，创新服务模式，推动龙冈畲族乡"绿蓝红"三色产业的集聚化发展。紧扣"三产并进、城乡同治、创新驱动、绿色发展"的战略思路，按照"打'三色'牌、创特色业"的发展方向，打造以畲乡风情游、红色旅游等"蓝色"、"红色"产业为主导，特色种养殖业、农特产品加工、农副食品加工、农产品电商等"绿色"产业为基础的特色产业体系。

　　重点规划特色种植、农产品加工、工艺品制造、文化创意、民俗文化旅游、红色旅游、乡村旅游、养生度假、体育休闲等9种业态类型，53个项目。具体由永丰县龙冈畲族乡红蓝绿旅游开发有限公司、江西万山油茶有限公司等企业主体运营，另外引进至少5家及以上旅游投资商、开发商、运营商。重点项目用地安排见表5.1，建设用地共计82194m^2（约123.3亩）。

表 5.1　重点产业项目表

产业类型	业态类型	重点产业项目
第一产业	特色种植	白莲产业基地（含白莲生态观光园）
		中药材产业基地（含香草药圃）
		绿色（有机）蔬菜产业基地
		油茶产业基地（含茶药生态观光园）
第二产业	农产品加工	华丽农场
	工艺品制造	民俗创新创业产业园
第三产业	文化创意	民俗创新创业产业园
	民俗文化旅游	畲乡文化博物馆、畲乡风情演艺馆、畲乡休闲美食街、畲族文化体验园、畲族生活体验馆
	红色旅游	第一次反"围剿"陈列馆、五龙戏珠战斗遗址公园、秤砣寨遗址、苏区中央局陈列馆、党建文化公园、苏区中央局无线电台旧址、毛泽东旧居、国民党师部遗址（万氏宗祠）、活捉张辉瓒红旗碑、万功山主题公园、天兵怒气冲霄汉（热气球）、红色文化训练拓展基地
	乡村旅游	张家车省4A级乡村旅游点、凡埠省3A级乡村旅游点、王家城、毛家坪乡村旅游点、凤舞畲乡、香草苑民宿。
	养生度假	临江仙主题酒店
	体育休闲	孤江生态慢步道、孤江飞索、竹筏漂流、龙舟竞渡、风情画舫、游船漂流
合计	9	—

5.3　龙冈红色文化资源的分类与评价

5.3.1　红色文化资源

5.3.1.1　红色文化历史

1927年大革命失败后，永丰全县人民在中国共产党的领导下在全境各地先后举行农民暴动，实行武装割据，与国民党右派进行斗争。1929年2月，中国工农红军第四军进入永丰。次年三月，中共永丰县委员会成立。从此，永丰人民开始了配合中央红军在境内开战反击国民党政府发动的五次"围剿"战斗。

1930年10月，中原大战结束后，蒋介石陆续调兵围攻以赣南为中心的中央苏区。1930年12月底至1931年1月初，红一方面军在毛泽东、朱德等指挥下，采取机动灵括的战略战术，5天时间内在龙冈、东韶接连两战取得胜利，一举灭敌的同时活捉了敌十八师中将师长张辉瓒，收缴敌军各类武器不计其数，同时也粉碎了敌军的第一次"围剿"。

1933年8月，根据中共江西省委的决定，将永丰划分为永丰和龙冈两县，并决定成立中共永丰中心县委，成为中央苏区西北六县的中心枢纽（图5.11）。

图 5.11　龙冈红色时间节点图

5.3.1.2　资源概述

龙冈是中央苏区的重要组成部分，在这里红军取得了第一次反"围剿"战斗的重大胜利，毛泽东同志在这里谱写了《渔家傲·反第一次大"围剿"》的灿烂词章。这里留下了许多革命遗址和红色旅游景点，如富家车毛泽东旧居、万功山主战场遗址、第一次反"围剿"陈列馆等共计20余处。这些遗址和景点大都保存完好，成为一笔宝贵的旅游资源，如图5.12所示。

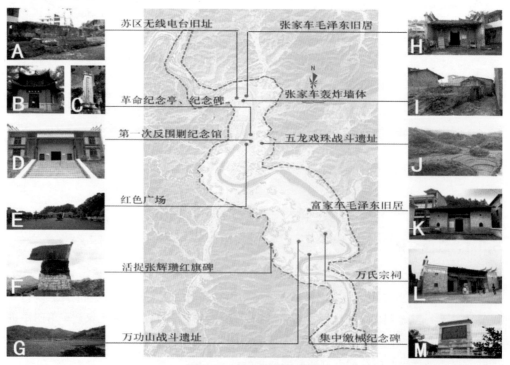

图 5.12　红色资源分布图

各单位利用各种节日到此参观、学习、实践，近年来龙冈已接待国内来宾近10万人次，接待少数民族人员近1万人次，许多中央部委和省级领导曾亲临参观指导。据当地政府部门历年相关数据统计，各红色景点具体接待情况如表5.2所示。

表 5.2 龙冈红色景点年均接待人数表

景点名称	年均接待人数/人
第一次反"围剿"纪念馆	5000
富家车毛主席旧居	1600
毛家坪集中缴械地	1600
秤砣寨纪念亭	2800
革命烈士纪念塔	2800
罗家大屋	800
张家车古樟树群	1000
五龙戏珠	1600

① 张家车毛泽东旧居：1931年4月23日，毛泽东随红一方面军总部到达龙冈，住张家车村甘节堂祠堂，毛泽东在此向红军进行动员、训练等活动（毛泽东旧居如图5.13所示，平面分布见图5.12-H）。

② 张家车苏区中央局旧址：1931年4月23日苏区中央局随部队进至龙冈张家车村，（如图5.14所示，平面分布见图5.12-A），任务是在此全面领导第二次反"围剿"，直到7月20日因敌人进攻龙冈，才陆续离开龙冈去兴国，前后在张家车驻扎88天。

图 5.13 毛泽东旧居

图 5.14 苏区中央局旧址

③ 万功山主战场遗址：（如图5.15所示，战场平面分布见图5.12-G）龙冈圩南郊3km的万功山，林茂树密，山路崎岖，是个易守难攻的军事要地。第一次反"围剿"战斗时敌人企图翻越万功山逃跑，红军组织猛烈火力进行堵截封锁敌人的去路，将胜利战旗插上了万功山。

④ 万功山活捉张辉瓒红旗碑：1930年12月30日凌晨，两军在龙冈与君埠交界的小别桥打响第一枪，拉开战幕。下午4时，全面捣毁张辉瓒师部，国民党第18师缴械投降，并在万功山半山腰的土坑内活捉了张辉瓒，速战7h的龙冈战斗胜利结束。为纪念万功山

战斗的胜利，新中国成立后在山顶修建了红旗碑（如图5.16所示，五龙戏珠平面分布见图5.12-F）。

图5.15　万功山战场遗址图

图5.16　红旗碑

⑤毛家坪敌军缴械处遗址：万功山战斗中除打死打伤敌人1400多人外，红军收缴了大量武器、无线电台、医疗用具、衣物等。为了纪念此次胜利，在万功山村毛家坪建有一座纪念碑（如图5.17所示，平面分布见图5.12-M），碑正背两面刻有集中缴械概况及朱德赞语："第一次反'围剿'打得很好。"

⑥五龙戏珠战斗遗址：（如图5.18所示，平面分布见图5.12-J）位于龙冈圩东北周边，由5个连绵的小山头组成，第一次反"围剿"战斗时，遍布敌我双方战斗工事、壕沟、碉堡，遗址保存较为完整。

图5.17　集中缴械纪念碑

图5.18　五龙戏珠战斗遗址

⑦龙冈革命烈士纪念塔、纪念亭：1958年县委、县政府拨出专款，为纪念革命烈士、让老区人民瞻仰在龙冈入口处建造了革命烈士纪念塔，如图5.19所示（平面分布见图5.12-C）。在离塔50m许的南山腰修建了一个纪念亭，如图5.20所示（平面分布见图5.12-B）。1963年和1973年，塔、亭先后两次修葺，1980年县民政局又拨款3万元重建，1983年10月列为县级文物保护单位。

图 5.19　革命烈士纪念塔

图 5.20　革命烈士纪念亭

⑧ 第一次反"围剿"陈列馆：1975年开始修建，次年底对外开放，主要是为了纪念第一次反"围剿"战斗，展示战斗的场景。2007年建筑损坏，2012年重建，如图5.21所示（平面分布见图5.12–D），该陈列馆是龙冈红色资源中的重要组成部分。

图 5.21　陈列馆

图 5.22　红色广场

⑨ 富家车毛泽东旧居：位于万功山村富家车，距龙冈1.5km，占地面积500m²，屋内陈列毛泽东同志在此居住时用过的各项物品。1930年毛泽东经沙溪、南龙，于11月28日来到龙冈，晚上住在距龙冈1.5km的富家车大屋。如图5.23、图5.24所示（平面分布见图5.12–K），毛泽东住中间左侧，秘书长古柏、公务人员吴吉清、陈昌奉等人住两厢。这里人少、安静、安全，适合晚上办公和开会，对推动反"围剿"的胜利具有重大意义。

图 5.23　毛泽东旧居

图 5.24　旧居介绍

5.3.2 红色资源分类

依据该案例第四章中对红色物质资源的具体分类方法，在实地调查和资料分析的基础上得出龙冈红色旅游物质资源拥有4个资源类型共计20个资源单体，具体分类及占比情况如表5.3所示。

表 5.3 龙冈红色旅游资源分类表

资源类型	资源单体名称	数量/个	占比/%
旧居旧址	毛泽东旧居、万氏宗祠、张家宗祠、国民党军队缴械处、苏军中央局机关旧址、无线电台旧址	6	30
战斗遗址遗迹	万功山战场遗址、活捉张辉瓒处、第一次反"围剿"主战场、五龙戏珠遗址、第一次反"围剿"纪念馆、张家车轰炸遗址	6	30
革命纪念性景观	团结会堂、革命烈士纪念碑、纪念亭、第一次反"围剿"陈列馆、万功山红旗碑、敌军缴械处纪念碑、红色广场（图5.22）	7	35
非物质文化遗产	毛泽东《渔家傲·反第一次大"围剿"》	1	3
总计	—	20	100

5.3.3 红色资源定量评价

依据国家标准，采用规划组及征求相关专家打分方式，针对规划地的旅游资源实行定量评价。并按照评价总分值由高到低进行分级，对龙冈红色旅游资源实体进行评价，总共划分为五级（表5.4），其中特品级旅游资源共2处，占比11.11%；优良级旅游资源共7处，占比38.89%；普通级旅游资源共有9处，占比50%。

表 5.4 龙冈红色资源等级评价表

资源等级		资源单体名称	数量/个	占比/%
特品级旅游资源	五级（≥90分）	第一次反"围剿"战斗遗址群	2	11.11
优良级旅游资源	四级（75~89分）	张家车苏区中央局机关旧址群、富家车毛主席旧居、秤砣寨遗址、万功山主战场	7	38.89
	三级（60~74分）	张家车毛泽东旧居、敌军集中缴械地、五龙戏珠战斗遗址		
普通级旅游资源	两级（45~59）	万氏宗祠、张家宗祠、活捉张辉瓒处、第一次反围剿纪念馆、革命烈士纪念亭、第一次反"围剿"纪念碑、敌军缴械处纪念碑、红色广场	9	50
	一级（30~44）	团结会堂		
总计		—	18	100

5.3.4　龙冈旅游风情特色小镇红色资源特点

通过对龙冈红色文化背景历史情况的整理，以及对龙冈现存红色文化资源单体分类与评价，可以看出龙冈特色小镇拥有深厚的红色文化历史，红色旅游资源丰富，现存的遗址、构筑物、纪念性景观保存完好，可利用程度高。红色资源的周边道路便捷、空间开发程度良好，有利于进一步设计提升。

但是也存在一些问题。首先，龙冈旅游风情特色小镇与项目所在区域的红色旅游联系不够紧密，还没有形成龙冈旅游品牌，影响力明显不够。小镇内部分区不明晰，分区间的项目内容重复，各个分区的主题不够鲜明，没有体现分区的差异性。其次，龙冈特色小镇的风貌建设缺乏整体的规划，小镇缺乏自己的城镇特色，建筑风格、景观风貌中没有体现出红色文化的特点。最后，龙冈特色小镇正处于旅游发展的初级阶段，红色产业发展还不够健全，存在活动开发不足、餐饮不完备、住宿设施少、产品开发不全面等问题。

5.4　红色文化在龙冈旅游风情特色小镇规划中的应用

基于5.3章节中对龙冈红色文化资源的分类与评价及对龙冈红色文化现存问题的发掘整理，提出以下原则来引导龙冈特色小镇的红色文化应用。

红色文化在龙冈旅游风情特色小镇规划中应用要坚持"保护为主，开发第二"的原则。对小镇红色文化合理的开发与利用，要服从保护，适度开发的原则，各项建设项目需要符合资源保护的要求。历史文化遗存的恢复与保护，应遵循如下原则：坚持"抢救、保护、继承、发展"的方针，保护历史文化遗存，继承优秀历史传统；保护与发展相结合，保护与建设相协调；文物的保护、保养和重点维修相结合，保护制度化。

另外，龙冈红色文化在应用中要坚持全面、系统与实事求是的原则。将龙冈特色小镇旅游区景观资源的保护与旅游产品布局、基础设施建设、游客规模与特点等情况结合起来，统一规划，共同实施，同时考虑区域特点，突出重点，针对性地采取策略措施。对龙冈特色小镇的历史文物保护规划，如图5.25所示。

图 5.25　龙冈历史文物保护图

5.4.1　打造红色文化空间

5.4.1.1　形成文化面——区域空间规划

为响应吉安市委、市政府提出的"建设大吉安，繁荣大井冈"的战略口号和"旅游旺市"的发展思路，将龙冈特色小镇红色文化融入吉安市"东井冈"红色旅游区。向周边的景区井冈山和瑞金学习，创建龙冈特色小镇红色旅游品牌，探索红色旅游发展模式，开展红色旅游理论研究等方面的主动性和创造力。加大永丰县委、县政府对红色旅游业的政策支持和资金投入。打造各具特色小城镇，将南部山区（上固、龙冈、君埠等）建设成为省内知名的文化旅游休闲区。

"十三五"期间，江西全省旅游业着力打造"一核心四门户九节点"的空间格局，吉安市为九节点之一。打造吉安文化生态旅游城市，依托当地庐陵文化和红色文化资源，加强资源的整合和开发，推进红色旅游区域化发展。

规划明确提出要深入发展红色旅游，推进红色旅游创新发展。打造一批红色旅游精品，建立研学旅游产业体系。

5.4.1.2　布局文化点——分区空间规划

龙冈旅游特色小镇内红色景点主要分布在三大区域内，分别是张家车乡村文化游憩区、龙冈畲乡风情体验区和万功山红色记忆区。根据每个区的功能属性不同，对3个区域内的红色文化资源进行分区规划和项目设置，在融入分区功能的基础上进行红色文化合理的开发与利用。

（1）张家车乡村文化游憩区

该区位于龙冈乡西北部，主要包括张家车村及周边，占地面积约21.71hm^2，提供游客乡村观光休闲、文化体验、特色民宿度假等功能。这个区域是村民乡村活动的重点范围，生活气息浓烈，但是缺乏村庄文化内容的展示，与村民生活息息相关的公共配套设施也不完善。规划时参考村庄的故事文化、居民的生活习惯及活动方式，对乡村文化进行提炼并融入设计，在公共活动空间设置基础设施，提高居民生活质量，力图营造龙冈特色小镇的乡村文化氛围，该区具体项目建设见表5.5。

表5.5　张家车乡村文化游憩区建设项目表

项目类型	主要项目	建设要点
产业项目	香草药圃、中药材产业基地、星座烧烤、樟林树屋、绿梦听江、孤江飞索、儿童乐园、苏区中央局陈列馆、苏区中央局无线电台旧址、香草苑民宿	①完善公共服务配套设施及智慧化游览标示系统 ②实现洁化、绿化、美化、亮化 ③提升景观，发扬红色文化 ④完善旅游服务质量和水平，包括住宿、餐饮、购物等方面 ⑤重点建设茶园民宿、樟林树屋等项目
公共服务设施建设项目	党建文化公园、特色农产品展示厅（张家车游客服务点）、环卫工程、标识工程、智慧导览系统	
宜居环境建设项目	张家车美丽乡村建设、封山育林工程	

（2）龙冈畲乡风情体验区

龙冈畲族乡风情体验区位于龙冈乡中北部，主要包括凡埠村、集镇、车溪新村，占地面积约107.29km²。龙冈特色小镇内"蓝色"畲族文化是一大特色，经过走访调查发现，随着时间的推移畲族文化在龙冈已经渐渐被淡化，许多生活习惯已经被汉族所同化，缺失了少数民族特色。针对这个问题，在该区域的规划中要集中体现出畲族特色，从建筑外观的设计上、区域内活动的设置上、畲族风情的展示上入手，打造一个极具畲族风情的蓝色区域，该区具体项目建设见表5.6。

表 5.6　龙冈畲乡风情体验区建设项目表

项目类型	主要项目	建设要点
产业项目	油茶产业基地、民俗创新创业产业园、秤砣寨遗址、临江仙主题酒店、五龙戏珠战斗遗址公园、畲乡人家、红色广场、第一次反"围剿"陈列馆、畲族休闲美食街、龙凤休闲广场、民俗新村二期、畲族文化体验园、凤舞蓝畲民宿、畲乡风情演绎馆、荷塘人家、精品客栈、畲乡文化博物馆	① 完善公共服务 ② 营造生活化游憩空间与环境 ③ 实现洁化、绿化、美化、亮化 ④ 提升景观，充分展现畲乡风情 ⑤ 完善旅游服务质量和水平，包括住宿、餐饮、购物等方面
公共服务设施建设项目	孤江生态慢步道、红色广场游客服务点、环卫工程、标识工程、智慧导览系统	
宜居环境建设项目	凡埠美丽乡村建设、封山育林工程	

（3）万功山红色记忆区

龙冈旅游风情特色小镇万功山红色记忆区位于龙冈乡中部，主要包括万功山村、上村、毛家坪村、下村，占地面积约130.55km²。针对红色文化遗迹年久失修、红色故事被淡忘的现实问题，在该区域通过深入挖掘红色历史、修缮红色遗址、建设红色场馆等方式，集中宣传龙冈特色小镇红色文化，该区具体项目建设见表5.7。

表 5.7　万功山红色记忆区建设项目表

项目类型	主要项目	建设要点
产业项目	白莲景观休闲产业带、华丽农场、红色文化训练拓展基地、红色印象餐厅、红色文化主题客栈、毛泽东旧居、万功山主题公园、国民党师部遗址（万氏宗祠）、天兵怒气冲霄汉、活捉张辉瓒红旗碑、集中缴械纪念碑、万功人家	①完善公共服务设施及智慧化游览标示系统 ②实现洁化、绿化、美化 ③提升景观发扬红色文化 ④完善旅游服务质量和水平，包括住宿、餐饮、购物等方面 ⑤重点建设万功山主题公园
公共服务设施建设项目	万功山游客中心、环卫工程、标识工程、智慧导览系统	
宜居环境建设项目	封山育林工程、移民搬迁、危房改造、危房维修项目	

5.4.1.3　打造红色文化线——交通线路规划

（1）串联区域旅游线路

空间的规划需要游线的串联，永丰县龙冈特色小镇作为国内革命战争时期的中央苏区，第一次反"围剿"的主战场，是永丰旅游的拳头产品，联合周边红色景点，打造区域性专题的旅游经典线路，打造县外景区游线：井冈山—龙冈（君埠）—瑞金，县内景区游线：龙冈（君埠）—西阳宫—大仙岩，形成江西红色旅游精品线路。

（2）组织龙冈内部交通

合理串联龙冈特色小镇各个功能分区，形成完整而立体的空间体系规划。到2020年，所有3A级景区、旅游特色乡镇连接公路达到三级标准。君埠—龙冈景区连线公路已竣工通车，上固—君田旅游公路2019年2月底竣工通车并进一步提升了景区通达条件。如图5.26所示，龙冈特色小镇规划中将交通道路分为3个等级：主干道、次干道、绿道。

① 主干道：目前，小镇内省道S219北至上固，长9538m，道路路面较差、较窄，车辆交会困难，路面需要拓宽，改建路基宽度为10m、道路宽度为8.5m的县道，同时还可以为小镇的防火、救灾、保护以及旅游观光提供交通通道，路面采用柏油路面。穿过五龙戏珠战斗遗址至兴国的规划道路，建议改道。

② 次干道：次干道长20799m，宽6m，串联各项目景点与配套设施，配合主干道以及游步道，形成便利完善的交通体系。

③ 绿道：小镇核心区内沿孤江开发慢行绿道，供游人游览散步骑行。宽3m，途径庐风晓月民宿、秤砣寨遗址、龙冈乡下街、临江仙主题酒店、党建文化公园、樟林树屋等。

（3）规划龙冈内部红色旅游线路

基于对龙冈特色小镇红色项目的规划，为了加深红色主题，串联红色景点，在最短的时间内使游客有最强烈的文化记忆，设置"红之魂"红色记忆主题游线，游线依据动静细分为两条子游线。

① 观光休闲游线：小镇客厅→第

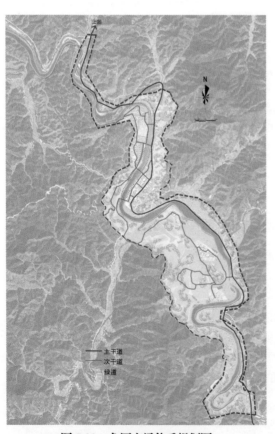

图5.26　龙冈交通体系规划图

一次反"围剿"陈列馆→毛泽东旧居→国民党师部遗址→万功山主题公园→集中缴械纪念碑→五龙戏珠战斗遗址公园，如图5.27所示。

②运动休闲游线：小镇客厅→第一次反"围剿"陈列馆→红色文化训练拓展基地→万功山主题公园→热气球→活捉张辉瓒红旗碑→"集中缴械"纪念碑→五龙戏珠遗址公园，如图5.28所示。

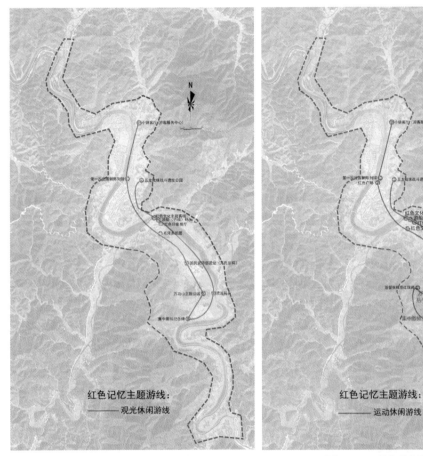

图5.27　观光休闲游线　　　　　　图5.28　观光休闲游线

5.4.2　建设文化风貌

5.4.2.1　景观风貌规划

在尊重龙冈特色小镇自然风貌、人文风情的基础上，以张家车大桥、龙冈大桥等4座桥梁为视觉通道，建立两条全新的特色景观带（孤江景观带、特色街区景观带），如图5.29所示，并以张家车、游客服务中心民俗创新创业产业园、临江仙主题酒店、五龙戏珠战斗遗址公园为主要景观节点重点打造。

在文化风貌的规划中结合第四章的理论基础，即对龙冈特色小镇红色文化空间进行整体性的规划。根据小镇现有资源和功能定位，重点突出红色文化的特点进行龙冈红色文化风貌规划，打造涵盖山、水、田、林、路、村的有机整体。开展乡村生态环境保护、建筑立面改造以及景观节点的塑造，为村民打造一个"看得见山望得见水"的居住环境风貌。对于红色文化遗产较为集中的乡域核心区，进行环境综合整治。对每一个特色景点进行景观提升，营造具有革命情怀的村庄景色。在风貌规划中还要加强旅游基础条件建设，打造宜游、宜居、宜文、宜业的休闲人居空间。

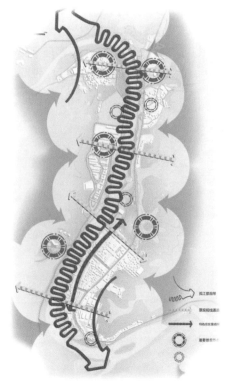

龙冈特色小镇旨在保护本土风貌的同时，弘扬红色革命历史文化。从龙冈建筑墙体、遗址公园、居住街道、庭院等处入手，在环境整治的基础上，加入大量的红色文化元素，对景观风貌进行改造。凸显第一次反"围剿"时期的历史背景、唤起老一辈革命家红色记忆，每处景观的具体规划如下。

图 5.29　景观体系规划图

（1）张家车村苏区无线电台旧址的景观墙体

首先在墙体材料的选择上，选取龙冈当地石材进行墙体的堆砌。其次在墙体设计中融入红文字元素进行场地标识，在建筑立面的上选择红色宣传画进行墙绘，起到标识及红色文化展现的作用。景观墙的风貌设计通过本地材料的运用与红色文化元素融入的手段，展现当地文化与红色文化融合发展的特色风貌如图5.30、图5.31所示。

图 5.30　墙体规划前风貌

图 5.31　墙体规划后风貌

（2）遗址公园

首先对遗址公园场地进行整理，拆除中间废弃房屋，打造开敞的公园小空间。其次在场地四周规划种植区域，丰富植物景观。最后在遗址公园改造中加入红色文化元素，建筑上挂红旗、红色标语等，景观小品选用木质色系，打造小镇休闲人居风貌，如图5.32、图5.33所示。

图 5.32　遗址公园原貌　　　　　　图 5.33　遗址公园规划后风貌

（3）居住街道

街道整治的第一步是确定街道范围，对街道与房屋的边缘进行严格划分，同时在路缘设置低矮挡墙。其次在街道风貌规划中加入慢跑道设计，颜色选用绿色，宽度设置为1.5m。最后对居住、街道的整体景观进行提升，建筑墙体改造选用木质色系，路边种植草花并搭配彩色植物，路边设置红色文化雕塑、标语等小品，营造一个休闲的人文街道景观，如图5.34、图5.35所示。

图 5.34　居住街道原貌　　　　　　图 5.35　居住街道规划后风貌

（4）庭　院

首先在街道整治的基础上对庭院空间进行改造，打造半开敞的庭院空间，在庭院四周设置挡墙与木栅栏，达到划分边界与通透景观的效果。其次对每户庭院进行景观提升，建筑立面墙体以白色为主，搭配棕色包边。庭院内部种植观花植物，做到四季有花可观，营造一个整洁美观的居住环境，如图5.36、图5.37所示。

图 5.36　庭院原貌

图 5.37　庭院规划后风貌

5.4.2.2　文化元素融入建筑风貌规划

按照龙冈特色小镇当地建筑风格，如图5.38所示，将规划区建筑分为3块：①以张家车、凡埠为主的畲族传统村落风貌区；②以车溪新村和民俗创新创业产业园为主的庐陵建筑风貌区；③以龙冈集镇为主的畲族特色风貌区。

在实际建筑风貌设计中，以本地庐陵风格形态为基础，并在此基础上对红色文化元素进行了提取，通过具象化和抽象化的表达将其融入建筑设计中。龙冈特色小镇中的建筑功能主要是纪念馆、住宅、客运站、旧址、学校、镇政府以及商业等，首先对这些建筑风格进行统一，以达到整体建筑效果上的呼应关系。在建筑材质方面，以红砖为主要的建筑材料，形成红色的色彩主基调；适当地搭配大理石进行辅助装饰，色彩上选用白色做铺垫。

通过对庐陵文化元素的抽取与再设计，将庐陵建筑风格融入建筑立面改造中，在现有建筑的基础上对龙冈特色小镇建筑风格进行创新，让游客体验不一样的庐陵风情，如图5.39所示。

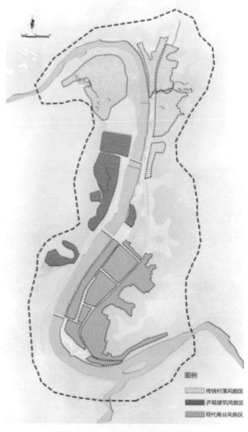

图 5.38　建筑风格规划图

坡屋顶　　青砖贴面　　　翘脚　　　马头墙

图 5.39　建筑立面效果图

如图5.40所示，为了突出龙冈特色小镇红色文化风貌，营造红色氛围，在建筑色彩规划上整体突出古朴的风格，以灰色系和红棕色系为主，搭配木质色系，古色古香。

图 5.40　建筑色彩规划图

5.4.2.3　公共基础设施规划

对红色风貌规划的整体把握，要通过小细节来体现。公共基础设施是景观建设的基础，完善公共配套设施、美化游览标示系统是乡村风貌的重要内容。如图5.41所示，在龙冈特色小镇的标识系统规划中，提炼枪械、红蓝配色、五角星等元素将其融入设计，将革命精神体现得淋漓尽致，红色文化氛围愈发浓烈。

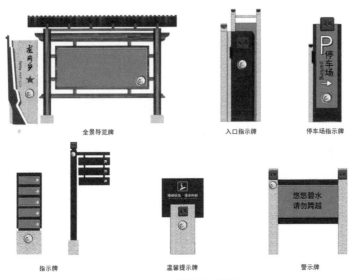

图 5.41　龙冈标识标牌设计

5.4.3　发展旅游产业

为深入实施特色小镇产业发展战略，加快营造充满生机活力的产业环境，以吉安红色文化、乡间节庆文化、宗教文化、名人文化、古陶瓷文化、青铜文化等为依托，大力发展龙冈红色旅游业，发展以红色文化为代表的文化产业和旅游产业。推动龙冈红色旅游产业集群化发展，全力打造吉安城市旅游产业集群，建设永丰龙冈旅游特色乡（镇）。在龙冈特色小镇通过开发红色培训新模式、红军历史情景再现工程、革命历史展示、红色历史街区、红色精品小镇的建设，深度挖掘红色文化新内涵，拓展红色文化表现形态及文化衍生产品，创新开发红色旅游产品。

促进旅游产业转型升级，大力实施"旅游+"战略，推动红色旅游发展升级，加快乡村旅游业态创新，推动文化旅游发展，加强旅游与工业、商业等相关产业的深度融合，加强旅游产业集群发展，促进旅游社会化进程，推动旅游产业的转型升级。推动文化旅游发展，整合区域庐陵文化、红色文化和自然禀赋资源，积极探索"文旅融合"发展新途径。通过在龙冈特色小镇开展体验性活动、参与性活动，以及发展开发餐饮、住宿的方式丰富完善红色旅游产业体系（图5.42）。

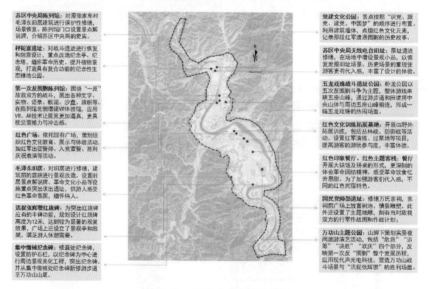

图5.42　红色文化旅游项目

5.4.3.1　旅游活动规划

为解决龙冈特色小镇红色旅游资源分散、体系不完善的问题，策划了一系列红色活动。红色文化在龙冈特色小镇旅游中的传承，不仅仅是元素的提炼运用，红色活动也是旅游中重要的组成部分。在龙冈旅游景区开发实景演出、小剧场演艺、民间文艺表演、文艺体验等多类型旅游演艺活动，继续深入推进中央苏区红色旅游联盟区域合作。在龙冈特色小镇开展体验性活动、参与性活动等方式丰富旅游产业体系。

体验性活动：行军过河（图5.43）、红军医疗、教育参观、入党宣誓、行军野餐

（图5.44）、演出、合唱；参与性活动：挑粮小道、夜间露天电影、跳竹杠、篝火晚会、"代代相传"等。

图 5.43　行军

图 5.44　野餐

5.4.3.2　红色旅游产品规划

　　在旅游产品的设计方面，依托龙冈红色资源，提取并融入革命元素。开发与反"围剿"题材有关的产品，设计属于龙冈的当地品牌标识。如图5.45所示，标识设计结合当地龙冈生态资源、少数民族资源，主打三色主题，红色象征着红色革命历史。红色印章，位于东方，龙腾凤舞，皆朝东方，象征着畲民与红军团结一心抗战的红色历史。产品主要包括红军装、红军帽、行军水壶、红军背包等服饰用品；革命本子、红军笔等文具商品；革命陶瓷杯、红军小挂饰等小商品，如图5.46所示。通过对旅游商品的策划，完善龙冈特色小镇当地红色文化的旅游产业体系，有序串联现有资源，拓展龙冈新的产业发展路径。

三色龙冈·畲乡小镇

图 5.45　标识设计

图 5.46　产品

5.4.3.3　旅游餐饮规划

　　龙冈餐饮旅游产品尚处于初级开发阶段，开发水平低，文化内涵少。龙冈特色小镇在餐厅设计中融入红色文化，打造红色餐厅如图5.47所示，餐厅外观以竹材料为主，竹材本身就是大自然的产物，古朴大方，是红军艰苦朴素精神的最好表达。同时墙面悬挂的红旗、五角星、斗笠等编织物，又是革命时代的缩影，文化氛围愈发浓烈。餐厅内部设置的餐具、座椅、墙面等均为革命题材，烘托红色主题氛围。开展大锅饭及拼桌的形式，更深刻地体会革命团结精神。

　　餐厅开发特色文化餐饮如图5.48所示，加入主题饮食包括开展匪帮餐、红军餐两个系列饮食。吃忆苦思甜饭，例如地瓜叶窝窝头、清汤菜、粗粮窝头、玉米、地瓜、红薯等，在革命饮食中身临其境地重温革命历史，追忆革命岁月的艰难时刻，感受革命精神。

图 5.47　餐厅

图 5.48　饮食

5.4.3.4　旅游住宿规划

　　住宿是旅游的重要环节之一，良好的住宿环境将带给游客难忘的旅游体验。针对龙冈特色小镇旅游体系不健全、配套设施不完善的情况，充分挖掘红色文化历史规划主题客栈，如图5.49、图5.50立足龙冈红色文化的深厚底蕴，首先从氛围入手，在整体建筑风格上参考庐陵建筑的同时与红色餐厅相呼应，在装饰艺术上，通过主题元素、主题标识、主题挂件、家具、服务用品等多个层面体现红色内涵，并围绕反"围剿"的历史故事设计特色主题房。特定的文化氛围给游客富有个性的文化感受。

图 5.49　红色客栈

图 5.50　红色民宿

5.5　红色文化在龙冈旅游风情特色小镇中的设计应用

　　龙冈特色小镇属于历史文化资源主导型的小镇开发模式。这种类型的小镇拥有先天的历史资源优势，比如较为完整的历史建筑等，即是最直观的文化再现方式。在红色文化景点具体设计时除了旧址、遗迹之外，还要对居民生活的公共空间进行改造与开发，将红色文化融入生活的方方面面，营造文化氛围烘托革命气氛。

5.5.1　龙冈红色文化旧址

　　龙冈特色小镇的红色旧址是小镇的文化遗产，承载了整个小镇的历史底蕴，也是龙冈乡村居民的精神依托。龙冈的红色旧址景观有4个，占龙冈红色文化景观资源的26.67%。主要包括国民党师部旧址、富家车毛泽东旧居、苏区无线电台旧址和苏区中央局旧址。对于这些物质文化遗迹要以保护为前提进行开发，坚持景观资源的可持续发展，再在旧址周边加以适当的景观改造，不仅能加大当地村民的认同感，更能凸显其文化价值和美学价值，让旧址更富文化内涵，增强文化吸引力。

5.5.1.1　富家车、毛泽东旧居

　　富家车、毛泽东旧居位于龙冈乡圩镇南面，枫香苗木基地西侧。紧邻旧居北侧的是荒芜土地，南面是村民房屋。旧居前是围合的小广场，场地保存较为良好。主打红色观光的发展定位，规划面积588m²，建筑面积196m²，如图5.11。对毛泽东旧居遗址进行修缮，对建筑前的庭院进行景观改造，利用旧居北侧的空地设置旧居景点解说牌、革命文化小品等设施重点突出该场地定位，院内增添毛泽东等身人像，供游人感受红色革命氛围，追忆历史，缅怀伟人。另外对旧居的植物景观进行改善设计，西侧沿院墙排列种植象征文化的竹，与之相对应的在东侧设置藤蔓植物廊架，利用藤蔓植物通透的特点，划分空间的同时增强旧址生机，如图5.52。

　　　　图 5.51　毛泽东旧居改造前　　　　　　　图 5.52　毛泽东旧居改造效果图

5.5.1.2　苏区无线电台旧址

　　苏区无线电台旧址位于张家车村，场地地势较为平坦。中共苏区中央局驻龙冈88天，原为苏区中央局发报地，在此报务员利用缴获的收发报机使用无线电密码通讯，现有一处残垣断壁遗迹保留下来，如图5.53。项目主打红色文化展示、观光的发展定位，规划面积约100m²。首先针对场地杂乱的植物景观进行整理，改种观花类地被植物，如三色堇、紫叶酢浆草等。其次，在场地中增设红色景观小品发报桌台进行历史场景的再现，外围设立碎石片墙并题字，封闭空间的同时形成视线缓冲的作用，在场地内较为开敞的空间中心加入红旗、红五角星元素，加深场景红色氛围，如图5.54。

图 5.53 电台旧址改造前

图 5.54 电台旧址改造效果图

5.5.2 龙冈红色文化战斗遗迹

龙冈特色小镇战斗遗迹众多，战斗遗迹是小镇历史的缩影、革命战斗历程的直观展现。为保护和发扬龙冈红色文化，对战斗遗迹的开发最大程度保护现场的同时，进行历史场景的再塑与红色氛围的营造。龙冈的红色战斗遗迹有5个，占龙冈红色文化景观资源的33.33%，主要包括万功山战斗遗址、秤砣寨战斗遗址、活捉张辉瓒遗址、五龙戏珠战斗遗址和张家车轰炸遗址。对于战斗遗迹这类物质文化的开发利用，坚持景观资源的可持续发展，在旧址周边加以适当的景观改造，不仅能满足村民特别是老年村民对其的心灵归属感和依托感，更能凸显其文化价值和美学价值，让乡村更富有文化内涵，更具有文化吸引力。

5.5.2.1 五龙戏珠战斗遗址

位于龙冈圩乡镇北部五龙戏珠周边五座山头，场地内遍布敌我双方战斗工事、壕沟、碉堡，遗址保存较为完整。用地性质为一般农田，现状以梯田种植农作物为主。场地东部是山体用地，地势较陡，如图5.55。以红色文化体验、休闲观光为发展定位，规划面积约74797m²，以5次反"围剿"这一红色经典为主题，分序列、分地段对5次反"围剿"进行景观和项目设计。对目前卧龙公园所在的小山包进行绿化环境改造，利用花岗岩浮雕和景观小品形式，展现龙冈人民辛勤耕作，为革命事业忠诚奉献的主题内容。在公园内挑选最佳的观赏方位建木栅栏栈道式观景台，可全览欣赏风水宝地"五龙戏珠"，并于园内中心最高处建一座富有标志性的红色主题雕塑，如图5.56。

图 5.55 战斗遗址改造前

图 5.56 战斗遗址改造效果图

5.5.2.2　张家车战斗轰炸遗址

　　张家车战斗轰炸遗址位于龙冈特色小镇北部的张家车村内，是国民党敌机轰炸后留下的残垣断壁，现仍清晰可见，如图5.57。主打红色观光的发展定位，规划面积约10m²，基于对墙体遗址修缮的情况下，融入红色符号如党徽、五角星、国旗元素，为遗址增添红色标志唤起历史记忆，形成场地特色。对轰炸墙体前的路面进行整修，规划墙体后的土地种植苞米等农作物，保证景观效果的同时满足农村生产的需求，如图5.58。

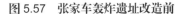

图 5.57　张家车轰炸遗址改造前　　　　　图 5.58　张家车轰炸遗址改造效果图

5.5.3　龙冈红色文化纪念性景观

　　龙冈特色小镇纪念性景观是不依托红色物质载体，如旧址、战斗遗迹，而是依托非物质性红色精神、历史故事等为起到纪念作用而进行设计的景观。红色纪念性景观是龙冈特色小镇红色精神的提炼浓缩，是承载反"围剿"革命事件的客观物质载体。龙冈特色小镇红色纪念性景观的开发利用，为了追忆在龙冈发生的红色历史，在深入挖掘反"围剿"历史事件、精神的同时，进行景观的构思与设计。龙冈的红色纪念性景观有6个，占龙冈红色文化资源的40%，主要包括毛家坪集中缴械纪念碑、万功山红旗碑、第一次反"围剿"陈列馆、革命纪念亭、纪念碑和张家车粮仓遗址。

5.5.3.1　毛家坪集中缴械纪念碑

　　毛家坪集中缴械纪念碑位于万功山村毛家坪，在平地中央独立小山包上建有一座纪念碑，碑正背两面刻有集中缴械概况及朱德赞语："第一次反'围剿'打得很好"，为了纪念战争时在此处缴获了堆积如山的敌军军械、武器、无线电台、医疗器械和粮油等，成为龙冈大捷的胜利风景线，如图5.59。设计时主打红色文化观光发展定位，规划面积2565m²，修葺集中缴械处纪念碑，设置防护石栏，以纪念碑为中心在周边进行景观美化工程，地势较低处围种低矮乔木，阶梯两侧对植秋色叶树种，广场上设置铜制红军雕塑，重点突出中心位置的纪念碑，如图5.60。

5.5.3.2　张家车粮仓遗址

　　张家车粮仓遗址位于龙冈特色小镇北部的张家车村内，主打休闲观光的发展定位，规划面积34m²，形成中间开敞四周树木环绕的小空间，如图5.61，针对场地植被杂乱、地面破损等问题进行整修，铺设植草砖增加绿化面积且提升景观观赏性，外围搭配种植彩色叶树种、观花乔木进行空间围合。对于现状墙体进行改造，墙体前搭配车轮等农事工具小品，反映战争年代的红色古朴，形成粮仓标志性景观供游人拍照、参观，如图5.62。

图 5.59　纪念碑改造前

图 5.60　纪念碑改造效果图

图 5.61　粮仓遗址改造前

图 5.62　粮仓遗址改造效果图

5.5.4　龙冈公共活动空间红色文化的应用

乡村中的空闲地块称为公共空间，是龙冈村民主要的活动区域，汇集了大量的人文景观，是承担村民互动、生活、生产需求的重要场所，直接反映了村庄的发展水平和居民的精神面貌。公共活动空间的形式多样、用途广泛，如承担标识作用的村入口、开敞的村民广场和水域空间都可称为公共空间。对公共空间的开发要结合当地红色文化，融合革命内涵进行规划才能真正形成当地特色，在改善村民生活质量基础上提升空间的整体形象。

5.5.4.1　村入口景观

村庄的入口是规划建设中非常重要的部分，它涉及一个村的整体形象问题，是村庄的门面。村入口景观是一个村的门面，往往承担着交通、标志、文化三大功能，集中展现了该村的文化风貌。龙冈特色小镇规划村入口景观时因地制宜并且就地取材，选用当地特有的建材以减少花费，设置石刻红军雕塑、选用木质材料做标牌，不仅与本土环境完美结合，并且具有浓厚的红色文化气息，如图5.63。

图5.63　村入口景观效果图

5.5.4.2　村广场景观

　　村民广场是一个乡村聚集的活动空间，是村民群体休闲娱乐的自由空间，如图5.64。龙冈特色现状的村民广场整体来看硬质铺装占比过高，在设计时加入地面绿化，多使用地面砖结合草本植物的方式，给村民和游客视觉及精神的双向享受。另外增加了宣传牌、石凳、挡墙等小品设施，美化广场景观，丰富广场功能，增加了村民广场的利用频率，使得景观资源被最有效利用。小广场靠近东侧设有宣传展板，用于宣传红色文化、乡村动态等，将红色文化融入居民生活的细节。在广场设计中多采用当地材料，如木、瓦等，增加场地的地域特色，营造一个古朴、宽敞的红色公共环境，如图5.65。

图 5.64　村民广场改造前　　　　图 5.65　村民广场改造效果图

5.5.4.3　滨水空间

　　龙冈特色小镇孤江水域环境脏乱差、利用率低，第一步进行场地的整理清洁，在此基础上进行滨水空间设计，如图5.66。设计由浅至深分区域进行，在岸边设置防护栏杆和生态驳岸，沿孤江河岸种植耐湿性较好的植物，为了实现柔和水岸线，可在水岸交接处栽植芦苇、水葱类植物。在较浅水域栽植水生植物，如香蒲、睡莲，以形成层次丰富的临水空间植物群落。对滨水景观空间进行规划时还要充分考虑到村民和游客的亲水需求，建造木栈道和亲水平台伸出水面，并设置防护措施。临水设置红色景观亭，亭内刻有红色标语，用于文化交流、文化传播活动。滨水空间整体打造成一个半封闭环境，营造一个适于红色文化交流、感受的静谧空间，如图5.67。

图5.66　滨水空间改造前　　　　　图5.67　滨水空间改造效果图

5.6　本章小结

本章在分析了龙冈旅游风情小镇项目概况的基础下，对其整体规划思路进行了梳理。在对龙冈红色文化资源、红色资源分类与定量评价、红色文化现存问题进行深入分析的情况下，将红色文化应用到龙冈特色小镇建设中。基于此从打造龙冈红色文化空间、建设龙冈红色文化风貌、健全龙冈红色文化产业三大层面进行推进，展开对红色文化旧址、战斗遗迹、纪念性景观、公共活动空间4种不同类别资源的利用。在具体节点设计中融入相关文化符号，包括五角星、红旗、党徽、红色雕塑等；建筑设计中加入标语、文字；产业上大力开发文创产品，进行规划区标识设计、商品展销等。最终打造了一个红色风貌明显、产业健全的龙冈红色文化空间。

6　结论与展望

6.1　结　论

本书以红色文化在旅游风情小镇中的应用方法为研究对象，通过资料、文献研究与现场调研相结合的方式，对当下特色小镇缺乏文化支撑、红色文化缺乏保护开发的突出问题做了辩证分析，总结出两者相互的需求关系，探讨了如何合理进行旅游特色小镇中的文化应用，以及保护发展乡村红色文化特色、完善红色旅游体系的策略与方法。根据实际问题，提出具体的策略，并且把有关的理论应用到实践中进行验证。总体研究得出以下结论。

① 全国现已建成的特色小镇中大部分是以发展旅游业为主的旅游特色小镇，多数是主要依靠自然资源和历史文化这两大资源为基础来发展。红色旅游小镇文化空间未形成、文化风貌不明显、文化产业不健全问题显著。通过将小镇建设结合全域旅游、挖掘个性的方式能有效解决特色小镇文化的问题。

② 红色文化保护与特色小镇建设是相辅相成的，一方面红色文化可以增强文化凝聚力、强化文化特色以及促进文化经济，有助于增加小镇的文化支撑；另一方面特色小镇对红色文化的开发有助于保护现有文化、挖掘未开发文化、延伸发展文化以及发展文化经济。

③ 资源是红色旅游壮大发展的基石，对相关文化资源的合理分类有利于规划的展开。在规划时要坚持"保护为主，开发第二"的原则。开发要服从保护，适度开发，各项文化建设项目都要符合资源与保护的要求。对于红色历史文化的遗存要保护与发展两手抓，保护与建设相协调，文物的保护正常保养和重点维修相结合，保护制度化。

④ 红色文化在旅游特色小镇中应用时要进行空间规划，空间布局突出红色主题资源。从宏观上，将文化带入区域空间大格局，探索区域内协同进步的可能。从微观上，要将红色文化进行分区规划，明确分区主题，针对不同类型的资源要有区别的对待，打造特色鲜明的功能分区。另外在空间规划中要进行交通体系规划，合理串联大空间、小空间，形成四通八达的空间交通网络，促进红色文化的传播发展。

⑤ 红色文化在旅游特色小镇中应用时要进行风貌规划，强调统一规划、统一风貌。注重景观风貌的建设，在传承本土风貌的同时，发扬红色革命精神。注重建筑风格的整体统一，建筑与城市肌理相吻合，更要注重在建筑风格和建筑色彩规划中红色文化作用。

⑥ 红色文化在旅游特色小镇中应用时要进行产业规划，实现旅游、文化、产业联动发展，形成产业链和一体化发展，为实现城镇化和振兴革命老区提供经济基础。利用先前的传统产业多年以来打下的基础，进行资源的有效利用与进一步提高，打造"文化+传统产业"的新型产业格局。

6.2　不足与展望

本研究发现，对红色文化在特色小镇规划中的应用有了阶段性的研究收获，但研究红色文化在旅游风情小镇中的应用这一课题的学者还较少，理论基础不够坚实，目前在研究方面仍存在着许多不足。

① 红色旅游小镇受到国家政策和经济发展等多种因素的干扰，其规划发展不能单纯地局限于景观规划的角度。对红色文化在特色小镇中的应用并不仅仅只有景观方面以及文化传承发展，还包括乡村管理机制、乡村生态保护等内容。因此，对红色文化应用的研究还有很长的道路要走，还可以通过多学科的交叉来进行综合性的研究。

② 对于红色旅游小镇规划相关基础理论部分，红色旅游规划是非常全面而复杂的课题，是一个跨越政治学、历史学等多个科学领域的复杂而综合性的问题。正因如此，需

要对多学科知识进行掌握与了解，且需要强大的理论背景做支撑。由于红色文化在旅游风情小镇中的应用这一课题本身知识体系的构建还不够完善，导致在研究内容上不够全面，对这一方面的深入研究还有待完善和进步。

③ 就红色旅游特色小镇现状而言，红色旅游小镇大多地理位置不佳，交通十分不便，研究受小镇自身条件、环境因素的影响，存在局限性与片面性。加之乡域广阔，调研时间有限，调研不彻底等因素，导致对问题分析不够彻底，在细节方面的研究有待深入。对红色旅游小镇实践案例的调研要建立在充裕的时间、充分的现场资料基础上进行，在未来的研究中要将总结出的应用策略和方法通过更多具体案例来进行验证，不断地发现问题并进行创新，增加理论的可行性。

案例❸ 竹文化在美丽乡村规划中的应用研究
——以浙江省杭州市余杭区石竹园村为例

1　竹研究背景

1.1　竹资源现状

竹，属禾本科（Gramineae）竹亚科（Bambusoideae）植物，竹亚科的植物竹秆高度木质化，但其很少能有次生生长，竹自竹笋起，很少再长粗，在当今学术界，竹属于草本植物还是木本植物还具有一定的争议。目前全世界有记录的竹类植物大约有70余属，1200多种。

中国是全世界竹种最多的国家，因此被称为"竹子文明的国度"，是世界竹子的分布中心之一，也是竹子种类最丰富、分布最广的国家。中国除了引种栽培的竹子种类之外，目前已知竹种就有41属500余种（变种），特有竹分类群有10属48种。竹子的总产量分布状况大致如下：福建竹子产量位居全国第一；浙江居第2位，产量约为19428万根；江西位居第3，产量约为18201万根。贵州、陕西等省区竹子产量则较低，不足1000万根。由以上数据可见，浙江省的竹资源现状极为丰富。

日本现有竹林面积为14.13万hm^2，共13属230种。除北海道外，日本其他地区均分布有竹子，其中有60%都集中在九州地区。另外，日本的竹林资源有97%都是私人所有，通过集约经营管理，从70年代开始，随着乡村人口的减少，日本的竹林面积也在不断减少。

泰国的竹资源也较为丰富，竹林面积高达454.5万hm^2，共有17属72种。泰国作为发展中国家之一，其在竹子的繁殖、培育和利用上都还处于萌芽阶段，但泰国的政府部门十分重视竹产业的发展，1965年泰国建立了第一个竹子研究所，在2002年的时候，农业发展部就在全国48万hm^2的范围内鼓励人们种植竹类植物；到了2008年，泰国皇家林业部更是为乡村里竹农们提供了25万株竹苗，以此来鼓励竹农们栽植竹类植物。

1.2　竹在景观中的应用现状

竹景观是一种独一无二的景观，它是由竹的自然景观和人文景观共同组成的。《园冶》和《长物志》中对竹景观的描写运用了大量的古典园林竹造景艺术手法，例如"竹里通幽""移竹当窗""粉墙竹影""竹石小品"。这些造园艺术手法对现代园林中竹景观配置的方式和设计理念具有较高的借鉴价值。竹建筑和竹建筑小品在园林中的应用也十分广泛，在竹建筑和竹建筑小品设计时，应注重与周围景观环境的和谐相处，做到造型简洁，色彩真实，营造出自然清新的竹景观。竹景观的营造要遵循景观设计学的原理，从竹子的品种、功能、配置方法上入手，丰富竹元素的景观营造手法。竹元素的景观营造还需要结合现代建筑学的思想，在不同的空间中应运用不同的竹元素，采用不同的营造手法，从而营造出更加丰富多样的竹景观。

宏村位于安徽省的皖南山区，是徽州古村落的典型代表，当地以产毛竹为主，有丰富的竹资源，竹编制品是宏村的特色，将竹工艺品融入乡村建设中，用来展现村庄的竹文化和竹特色。安吉是中国闻名的竹乡，竹资源十分丰富，在唐朝就有了"竹乡"之美称，乡村成片的竹海景观和悠久的竹乡历史，为乡村的建设和发展打下了坚实的基础。四川青绳的乡村里人们早在1000多年前就开始将竹子用在生产和生活当中了，包括有竹桌、竹椅、竹床，竹筐、竹篓、竹包等等，在今天，竹编文化仍然是青绳乡村的特色之一，青绳竹编文化是竹自然资源和竹人文资源结合的产物，是其乡村建设和发展的一大特色。

竹子在日本很常见，在人们日常生产生活、城乡建设等方面竹元素都发挥着关键的作用。日本全国各地都建有竹类种植园，竹类公园，竹标本馆、竹制品博物馆等。它们不仅可以为市民提供观赏竹子、了解竹子的场所，同时也为从事竹类研究的科研人员进行科学研究提供了重要的场所。日本现代社会关于竹子的研究学者竹内叔雄，研究竹子的生物学特性到竹子的应用，研究范围非常广泛。日本对于竹景观营造十分重视，每一个造景要素都是经过精挑细选选出来的，竹子与山石、白墙搭配，营造出深层次的竹意境；另外在日本的乡村中，竹篱笆也是随处可见的，竹篱笆是日本竹景观规划设计中的重要组成部分，也是展现日本竹文化的重要手段之一。在艺术方面，日本的茶道是其最大的特色之一，在日本人们认为竹子和茶道的组合具有浓厚禅味，因此，在茶室的庭院内，多种植有竹子，有助于营造出一种朴素轻寂的氛围。

竹子在泰国的应用起源于远古时期，竹子在泰国人民的生产、生活中扮演着重要的角色。泰国的乡村中竹子在民居、器具、饮食、乐器和精神文化5个方面的利用较多，在建筑、乐器和器具的利用方面较为粗放。

在西方园林中竹子也被充分利用，与东方园林不同的是，西方国家更重视竹子的群体美，因此，西方的景观设计师在进行竹子造景时会更加尊重竹子的生长习性，从而创造出独特的竹景观。东方的竹种近年来也深受西方国家的喜爱，被大量引进到美国、德国、法国、英国等西方发达国家，因此西方国家也开始建立具有东方特色的竹景观。西方国家关于竹子最早的描述出现在1655年意大利传教士出版的《中国地图》里，这是西方国家关于中国竹子最早的记载。法国更是从17世纪才开始运用竹类植物造景，在意大利的一处庄园里，庄园的主人在庄园里种植成片的竹林，还修建了竹子栈道，营造出了十分优美的竹景观。英国在19世纪中期开始在邱园里种植紫竹，到了1981年，邱园里建立了竹园，现如今邱园里竹子的种类也从最初的40多种发展到130多种。在法国巴黎拉维莱特公园的下沉式的竹园里，种植有30多种竹类植物，这些竹类植物形成的竹林景观形成小气候，可以起到改善局部生态环境的作用。在荷兰，乌德勒支大学经济与管理学院中有一个名为丛林院的庭院，竹子被融入庭院之中，通过在庭院中种满高低不一的竹类植物，使得整个庭院郁郁葱葱，生机勃勃；另外在庭院中还利用竹子作出圆柱形的柱子，从而创造出独特的竹园景观。美国到19世纪末才开始从其他国家引进竹种，且这些竹子多用于喂养动物和造纸。在美国的俄勒冈州的一个竹园，有300多种竹类植物，为美国的竹造园提供了丰富的原材料。

1.3 竹文化现状

在营造优美的竹景观的同时，还需考虑竹文化的挖掘和表达，例如，将与竹有关的历史典故、竹元素所能传达的精神文化内涵融入到景观之中，让竹文化和竹景观得到充分的展现。在中国园林发展的过程中，竹子因其坚韧挺拔的气质和虚心高尚的精神极大的符合中国人民所崇尚的精神气节，因此竹子在中国的乡村景观中有着至关重要的作用，同时也是中华民族传统文化的重要组成部分。

江西崇义县的竹乡生态环境优美，深入挖掘乡村传统的竹文化，例如，同时将竹产业作为农业经济的亮点，支撑村民的收入，这样不仅扩大了乡村的知名度，同时还展现出了乡村的竹文化。云南是我国大型的丛生竹之乡，更是少数民族竹文化之乡，竹文化更是云南少数民族文化的重要组成部分，少数民族的竹文化与我国南方地区的竹景观、竹文化有着云泥之别，少数民族的竹文化更加丰富多彩，因此可以在少数民族大力弘扬民族竹文化、发展特色竹产业。以云南德宏州为例，这里有着丰富的竹资源和独一无二的竹文化，但其在乡村建设中存在着一些问题，如竹文化挖掘不够深入、文化展示不够创新等等，需要进行系统规划和发展。

由此可见，竹元素已经融入人们的日常生活，在生活生产方面已经得到广泛应用，在乡村景观里也得到了呈现。但是以竹元素为题材，从生活、生产以及生态方面融入美丽乡村的规划设计的案例较少，还需进一步的深入探讨。

2 竹文化在浙江省美丽乡村中的案例调查

该研究选择浙江省余杭区、丽水市以及安吉县的乡村作为研究对象，从竹植物景观的应用、竹材料的应用、竹文化的展示3个方面分析了竹元素在浙江建设美丽乡村中的应用现状。

2.1 研究方法

2.1.1 调查点的确定

该案例以竹元素为研究对象，探究其在浙江省美丽乡村中的具体应用手法，以及竹文化的展现形式。因此，笔者选择了竹资源丰富的浙江3个美丽乡村为代表，调查竹元素在乡村中的应用情况（表2.1）。

表 2.1　调查点

乡村名称	所在位置	村庄概况
溪口村	浙江省余杭区	溪口村位于浙江余杭区西北端，苕溪和杭宣古道穿村而流，村庄内04省道和杭长高速南北贯通，区位交通良好，交通十分便利，地势北高南低，溪口村竹林面积高达782.87hm²，竹资源丰富，竹相关产业发展较好。2014年溪口村启动"好竹意"小镇的建设，竹文创产品开始在村庄有序推动
溪头村	浙江省丽水市	溪头村位于浙江丽水市西南部，西边与福建省接壤，是浙江省出入江西、福建的主要通道，森林资源丰富，生态环境优美，乡村经济发展较好
双一村	浙江省安吉县	双一村位于浙江省安吉县递铺村，与余杭区百丈镇相毗邻，是一个盛产毛竹的乡村，全村的毛竹面积高达733.33m²，村民们有丰富的毛竹丰产经验，人们积极发展毛竹相关产业，极大地提高了自己的生活水平

2.1.2　调查的方法

该调查主要采用的是实地走访和文献资料查阅两种方法，分别对3个美丽乡村中的竹元素应用现状进行调查，主要是从入口景观、广场、道路景观、建筑庭院、基础配套设施、景观小品等方面了解竹元素的应用情况。

2.1.3　调查结果与分析

2.1.3.1　溪口村

（1）竹元素在乡村入口上的应用

溪口村乡村入口附近，有一块面积较大的竹叶园绿地，竹叶园的总体造型采用竹叶元素的样式，竹叶的脉络构成了竹叶园的道路系统，道路两侧的围栏采用不锈钢仿竹材料制作而成，与竹竿的形态相似，竹叶园里的路灯也是利用仿竹材料制作而成的竹竿形态的路灯，颜色与溪口村盛产的毛竹颜色相一致。竹叶园里还摆放了许多有竹条编制而成的竹制景观小品，展现了溪口村的独特的竹文创文化（图2.1）。

图 2.1　入口竹元素现状图

（2）竹元素在建筑、庭院上的应用

建筑的门窗上采用竹条制作的门框、窗框，在建筑的适当部位增设栅栏，使得溪口村的竹文化得到有效展示，白墙与竹条的搭配，展现出了溪口村浓厚的竹文化氛围。庭院内适当种植竹类植物，以毛竹为主，形成良好的竹植物景观；庭院中摆放有各种竹小品，展现出溪口村浓厚的竹文化氛围，体现溪口村的特色（图2.2）。

图2.2　竹建筑立面现状图

（3）竹元素在围墙、栏杆上的应用

竹元素在溪口村的围墙、栏杆、篱笆上有较好的展示。溪口村的围墙采用仿竹材料与青砖相结合的方式，竹元素部分使用仿竹元素制作成竹节的样式，与青砖搭配，既能展现出溪口村的竹特色，又能起到围墙的作用（图2.3），栏杆也是采用相同做法。篱笆的样式则有两种，一种是用原生竹材料制作而成的中高型篱笆（图2.4）；另一种是采用仿竹材料制作而成的矮篱笆（图2.5），这两种竹篱笆在造型上也有所不同，但是都展现出了溪口村独特的竹景观。整个溪口村的围墙、栏杆、篱笆都采用竹材料制作而成，相同但又有所不同，使得溪口村整个乡村都沉浸在浓厚的竹文化氛围之中。

图2.3　竹围墙现状图　　　　　图2.4　竹栏杆现状图

图 2.5　竹篱笆现状图

（4）竹元素在景观小品上的应用

　　溪口村的竹编钟，采用竹竿、竹筒制作而成，可以通过敲打竹筒产生丰富的听觉感受，增强竹元素的体验性，丰富竹景观小品的多样性，将下方的竹筒改造成为花槽，种植草花类植物，提升竹编钟的美感；另外采用竹条编织成特色景观小品，放置在村庄的道路两侧、重要节点中，展现溪口村浓厚的竹文化和竹乡气质（图2.6）。

图 2.6　竹景观小品现状图

（5）竹元素在旅游产业上的应用

　　溪口村竹资源丰富，竹林面积较大，将乡村开发成可观、可住、可食、可买的竹旅游产业。乡村中分布有多处以竹为主题的民宿和农家乐，游客可以和业主学习制作当地的竹特色美食，农家乐还提供全笋宴供游客品尝。溪口村的竹旅游业极大地带动了乡村的经济发展，为村民增加了可观的收入。

2.1.3.2　溪头村

（1）竹元素在建筑上的应用

　　建筑的中间是采用夯土建造的，满足建筑的使用要求，外围采用竹条编织而成，利用竹子勾勒出不同的瓷器造型，将竹文化与溪头村独特的陶瓷文化相结合，不仅展现了溪头村丰富的竹资源文化，也将其独特的地域文化融入其中（图2.7）。

图 2.7　竹建筑现状图

利用钢材作为建筑主体部分的材料，建筑的外立面采用竹竿包围，周围还种植有翠绿的竹子，在竹子墙的映衬上别有一番风味。建筑内部的桌椅等物件也多采用竹材料制作而成，营造出浓厚的竹元素氛围（图2.8）。

图 2.8　竹建筑现状图

游客服务中心的建筑与其他有所不同，它是以竹子为主要建筑材料，建筑的梁、柱都是采用竹子作为支撑的，建筑的外部使用排列整齐的竹子作为装饰，使得整个建筑充满了竹子的气息（图2.9）。

图 2.9　竹建筑现状图

（2）竹元素在旅游产业上的应用

溪头村旅游基础配套设施完善，乡村中共有民宿（农家乐）24家，精品度假酒店1家，溪头村以发展民宿旅游产业为主。

2.1.4 双一村

（1）竹元素在乡村入口上的应用

在乡村的入口，标志性景观采用竹简的样式，展现双一村浓厚的竹文化氛围，竹简上刻有不同历史时期"竹"的写法，彰显出双一村悠久的竹历史。竹简的体量也较大，通过夸张的体量和规格，在视觉上给人们带来震撼的感觉，同时也可以让人们在远处就可以看到竹简这一标志性景观（图2.10）。

图2.10 入口标志性景观

（2）竹元素在围墙、栏杆上的应用

竹元素在双一村基础配套设施中的应用主要体现在道路两侧的围栏和庭院的围墙上。道路两侧的围栏采用铝合金仿竹材料制成，样式是仿竹简的样式，采用仿竹材料不仅可以体现双一村的竹文化，而且与真竹材料相比也更加经济实惠、结实耐用（图2.11、图2.12）。

图2.11 竹栏杆现状图　　　　　图2.12 竹围墙现状图

（3）竹元素在景观小品上的应用

景观小品中采用竹子作为其下部支架，将竹子通过捆绑成为有一定厚度的竹棍，对上部的结构起到支撑作用，充分展现了竹子良好的抗压抗拉的物理优势。双一村中的竹景观小品还有采用仿竹材料制作而成的竹景墙，将竹子的形态特征逼真地展现出来，在白墙的映衬下，体现出竹子虚心文雅的精神风貌，凸显出竹子独特的韵味（图2.13）。

图 2.13 竹景观小品现状图

（4）竹元素在旅游产业上的应用

双一村乡村中有成片的竹林，是电视剧《青恋》的拍摄地，村庄以发展竹林生态旅游为主，许多游客来此欣赏优美的竹林景观。村民开始经营农家乐，村庄也建立起完善的基础配套设施，以满足游客的需求，同时带动乡村的竹产业发展。

2.2 总 结

通过上述的案例研究和相关资料的查阅，了解了竹元素在浙江省美丽乡村中的应用现状，具体分析了竹元素在浙江省美丽乡村中的应用场所和应用形式等，总结出竹元素在浙江省美丽乡村中的应用情况。

2.2.1 竹类植物的景观营造

浙江省的乡村中几乎都有一定面积的竹林。在植物造景方面，浙江省的美丽乡村首先都选择利用乡村中原有的竹林打造竹林景观；其次，在乡村广场、庭院等活动空间，竹植物景观的营造选用的都是毛竹，在乡村广场上成丛的种植有竹类植物作为主景，或者与亭、廊等组合造景作为配景；在一些村民的庭院中，建筑角隅、墙边成排地种植着竹种，起到丰富庭院景观、软化建筑边角线的作用。但是竹类植物的景观营造形式较为单一，竹种在形态、色彩上缺乏特色，在竹种的选择上也没有考虑与周围的建筑、水体以及其他植物的搭配组合，竹类植物的种植手法也较为简单，从而导致浙江省美丽乡村整体竹类植物景观略显单调，缺乏特色。

2.2.2 竹材料的应用

在浙江省美丽乡村中，竹材料常被应用于建筑、庭院围墙、沿河围栏、道路护栏、配套基础设施中。如溪头村，竹材料在建筑上，有两种应用形式，一种是采用夯土建造建筑的主体部分，在建筑的外围采用竹材料围合；另一种是整个建筑都是采用竹材搭建而成。竹材料在庭院围墙、护栏上的运用较为常见，在溪口村和双一村围墙和围栏都是采用竹材料制作而成的，有的是使用真竹，将其截成合适的长度，通过简单的捆绑和排列，制作成庭院的围墙和菜地的围栏；还有的是采用不锈钢仿竹材料，做成竹竿的样式，喷上与真竹相似的颜色，以假乱真，用于乡村之中。在溪口村，庭院的围墙不只是单一的使用竹材料，竹材料将其与青砖相结合，采用青砖作为基座，使得围墙看起来更为牢固耐用。竹材料制作景观小品主要有两种形式：一种是用竹条编织成各种不同形状的小品；另一种是将竹竿进行简单的改造，切割成大小不同的竹筒，通过与其他材料搭配组合，形成不同的小品。但其应用形式较为单一，缺乏创新。竹材料在颜色、样式上都较为相同，缺乏与其他材料的搭配使用，因此，在景观效果表达上也就显得单薄且缺乏特色。

2.2.3　竹文化的展示

在浙江省美丽乡村中，竹文化的展示较为匮乏，从上述的几个案例中不难看出，很少有乡村对竹文化进行展示。但在双一村竹文化得到了一定的呈现，在双一村的入口，入口标志采用竹筒样式，竹筒上的竹画和"竹"字的演变，展现了乡村悠久的竹文化。在溪口村，竹文化的展示体现在竹美食文化上，在乡村里的农家乐有以竹笋为主要食材的全笋宴，通过不同的烹饪方法，制作出可口的竹笋美食，让人们在美食中体会竹文化的博大精深。但是总体而言，对竹文化的挖掘与展示不够充分，缺乏对竹文化的提炼，这种做法使得竹文化不能得到充分的展示，人们也无法更深层次地感受竹文化的韵味和精神。

2.2.4　竹旅游产业的开发

浙江省美丽乡村中都会开发旅游产业，大多数乡村是以休闲旅游为主，同时将竹产品与竹旅游相结合，出售竹文创产品。另外，村民也积极经营农家乐，开发竹美食品尝、竹乡民俗体验活动等，吸引游客前来观光游玩。通过竹旅游产业的开发能更好地带动乡村经济的发展，从而提高村民的生活水平。但是竹旅游开发还不够全面，种类较单一。

3　竹元素的分类与对浙江乡村的影响

3.1　竹元素的分类

竹元素是指活体竹子及其衍生物，可以分为竹自然元素和竹文化元素两种。竹自然元素就是指活体竹子，活体竹子本身就具有较高的观赏价值，它的竹竿、竹叶在形态、色彩、声响上能给人类视觉、听觉带来美感。竹文化元素是指在中华民族五千年的历史长河中，人们通过长期的生产生活创造出的与竹子有关的物质文明和精神文明的元素总和，它包括竹物质文化和竹精神文化两种（图3.1）。竹物质文化是对竹精神文化的具象概括，竹精神文化是竹物质文化的抽象表达。

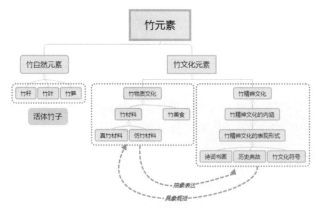

图 3.1　竹元素可表达形式图

3.1.1　竹自然元素

竹自然元素主要是指竹子的形态特征所包含的，竹子自身就具有较高的观赏价值，是竹景观中最基本也是最常见的一种元素类型。竹子的自然元素主要为竹秆、竹叶、竹笋3种。

3.1.1.1　竹　秆

竹秆是竹子的主体部分。大型竹种竹秆的高度可以达到20~30 cm，粗度则可以达到20 cm左右，中小型竹种竹秆粗度相对适中，高度一般为5~8 cm。竹子的竹秆在美丽乡村景观建设中起到了重要的作用；竹秆远看修长挺拔，如少女般亭亭玉立，近看则杆成圆形，在乡村面积较大的绿地上成片种植具有强烈的节奏感。

竹秆在形态、颜色上都具有较高的观赏价值，常见的竹秆呈圆柱形，但有的竹种的竹秆会发生变异，就会出现其他的形状，因此就有了观秆形竹种，它们具有很高的观赏价值，观秆形类的竹种有方竹、罗汉竹、辣韭矢竹等。方竹的竹秆粗大，呈长方形，向下生长，有一种豪放的美感；佛肚竹的竹秆在部分竹节之间会肿胀变粗，形似佛祖的肚子，有古朴典雅之美感，在美丽乡村建设中，可种植于河边或庭院之中。辣韭矢竹秆节间膨胀成花瓶状，具有强烈的美感，其常用于盆栽、盆景制作。因此竹元素在美丽乡村建设中的应用，竹秆可以用于美丽乡村庭院景观的营造中。

竹秆的颜色有绿色、黄色、紫色等多种颜色，不同颜色的竹秆会给人带来不同的情感体验，竹元素在美丽乡村建设过程中的应用，可以通过种植不同颜色的竹子，给人在视觉上、情感上产生不同的审美效果，从而形成不同的竹景观效果（表3.1）。

表 3.1　不同颜色竹种及其传递视觉感受

秆色	视觉感受	竹种
绿色	寂静、舒适、有活力	方竹、花巨竹
黄色	优雅、明快、幸福	黄皮桂竹、安吉金竹
紫色	高贵、神秘、浪漫	紫竹、刺黑竹
白色	纯洁、干净、简洁	粉单竹、梁山慈竹

3.1.1.2　竹　叶

竹子的竹叶一般呈披针形，叶长一般为7~15 cm，叶宽一般为1~2 cm；竹叶前端较尖，后端为钝形，叶柄较长，约为5 cm；叶缘一侧有小锯齿，一侧光滑。竹叶的颜色正面为深绿色，背面颜色较淡。部分竹种的竹叶也会出现其他的形状和颜色，这类竹种为观叶类竹种。

箬竹就属于观叶类的竹种，它的竹叶宽大，而竹秆较为矮小，在美丽乡村建设中可以成片栽植，形成独特的竹景观，因此箬竹常栽植在乡村的河边或村民的庭院中，起到画龙点睛的作用。鹅毛竹、凤尾竹的竹叶形似鹅毛或者凤尾，叶姿奇特，具有较强的形态美。另外还有其他的观叶竹种，如菲白竹、银丝竹等，这些竹种竹叶的颜色为绿色，其中嵌有白色的条纹，与众不同，具有很好的观赏性。因此，美丽乡村的建设过程中，观叶类竹种可以种植在健身广场、小游园、乡村的入口等重要节点，形成有特色的竹景观。

竹叶除了在视觉上能够给人带来美感，在听觉上也可以具有较强的美感，竹景观独特的声韵美能够带给人一种声临其境的感觉，同时也和人们当下的心境相符合，是一种特殊的竹景观的欣赏角度，竹叶在美丽乡村建设中的应用，可以让城市里的人们来此观光旅游时，通过其独特的声响为他们抚平生活和工作上的压力，让他们的心情得到放松。

3.1.1.3　竹　笋

竹笋是竹子的幼芽，根据竹芽长出地面的季节，可以分为冬笋和春笋两种。刚出土的竹笋仿佛刚出生的婴儿，充满生命力，给人带来一种玲珑向上、欣欣向荣的形态美。竹笋在颜色上也有所不同，有的竹笋黄白相间，如白哺鸡竹；有的竹笋则呈现为紫红色，如红壳竹。在美丽乡村的建设中，这些竹笋都具有非常高的观赏价值。

3.1.2　竹文化元素

竹文化元素是指在中华民族五千年的历史长河中，人们通过长期的生产生活创造出的与竹子有关的物质文明和精神文明的元素总和，它包括竹物质文化元素和竹精神文化元素两种。

3.1.2.1　竹物质文化元素

竹物质文化元素是指竹被人们进过改造加工后用来满足生产、生活需要的一种元素，或者是由其他材料制作而成的与竹在形态、色彩上较为相似的一种元素，通过竹物质文化元素的运用可以展现出竹元素所蕴含的精神文化内涵。竹物质文化元素主要包括竹材料和竹美食。

（1）竹材料

竹材料与人民的生活休戚相关，出现在人们衣食住行的各个方面，对人类的生存和发展起到了不可小觑的作用。竹材料可以根据是否有竹类植物制作而成将其分为原生竹材料和仿竹材料两种。这两种竹材料在美丽乡村的建设过程中，都可以用于建筑、栏杆、围墙、景观小品等方面，体现美丽乡村的竹特色和竹文化。

原生竹材料在我国的应用有着悠久的历史，汉代建造甘泉祠宫时，工匠们就利用竹材料建造了一处竹宫，造型极为美观；王禹偁在黄冈也建造了一座竹楼；直到今天，傣族竹楼仍然是少数民族居民主要的居住建筑。通过研究得出，原生竹材料的优势具有良好的物理优势，它的质量比一般材料轻，韧性、抗压力能力都较强（表3.2、表3.3）。在美丽乡村的建设中，可以利用竹元素的这些物理优势，造就造型独特的竹景观小品。

表 3.2　竹材料与其他材料的强度比较

材料	耐压强度/（N/mm²）	密度/（kg/m³）	比率
竹子	10	600	0.017
混凝土	8	2400	0.003
钢材	160	7800	0.020
木材	7.5	600	0.013

表 3.3　竹材料与其他材料的硬度比较

材料	扬系数/（N/mm²）	密度/（kg/m³）	比率
竹子	20000	600	33
混凝土	25000	2400	10
钢材	210000	7800	27
木材	11000	600	18

仿竹材料一般是指由混凝土、钢材等制作而成的，在样式和颜色上与原生竹材料相同的材料，但与原生竹材料相比，仿竹材料更加经济实用，耐久性也较好。在美丽乡村建设中，采用仿竹材料制作栏杆、篱笆等，在节约建设成本的基础上，还可以使竹景观效果更加持久。

（2）竹美食

《诗经》《禹贡》上记载，在西周时期，竹笋就作为美食出现在了当时的餐桌上，成为了一道美味佳肴，并且到今天仍然经久不衰。当代人们研究出了竹笋食用的很多种方法，可以做出上千道色、香、味俱全的美味佳肴。在美丽乡村中可以以竹笋为主要食材，通过烩、爆、炒、焖、熘、蒸、煮等多种烹饪方式，制作出上百道竹元素美食。

3.1.2.2 竹精神文化元素

竹精神文化元素是中国劳动人民在长期的社会生产实践活动和业余文化活动中产生的，是中华民族传统文化的重要组成部分，也是中华民族五千年文明的标志之一，它代表着中华人民所拥有的高尚品德和情操。竹精神文化对我国国民经济的提升、社会的进步和文化的繁荣都起到了不可或缺的作用。陈寅恪曾说过这样一句话："中国的传统文化和伦理道德就是'竹文化'。"没有哪一种植物能像竹子一样给人类文明带来如此久远的影响，看到竹子人们就能想到谦虚朴直、淡泊明志、坚韧不拔、不具艰辛，吃苦耐劳、自强不息的优秀品格。

（1）竹精神文化的内涵

① 淡泊明志 竹子四季青翠、素雅质朴，会让人们的内心感到安静祥和，但它的枝干又是挺拔直立，向上生长，给人一种生机勃勃的生命力。竹子在质朴淡雅中透露着丝丝生气，清新淡雅的绿色散发着绵延亘古的韵味，给人朴实舒适的感觉。"非淡泊无以明志，非宁静无以致远"的生活态度在竹文化上得到了很好的体现。

② 虚心谦和 虚心谦和是中华民族的传统美德，是人生最基本的道德修养，世界上的成功者大多都是虚心谦和之人。竹子则是因为其中空外直的特征，在古时就被文人们赋予虚心谦和的品格，用来赞美坦荡的胸怀和内敛的心境。

③ 自强不息 竹子具有很强的生命力，它的根茎十分强劲，可以在恶劣的土壤条件下扎根生长，还能在石缝里顽强生长。竹子一年四季经受日晒风吹，雨雪风暴，仍然可以郁郁葱葱，苍翠欲滴，坦然接受大自然给它的一切挑战，并且依旧努力向上生长，竹子这种坚韧不拔、自强不息的精神值得人们学习和传承。

④ 孝义精神 竹子成丛生长，根连根的生长方式，很好地诠释了中华民族的传统文化——母慈子孝的孝义精神。人们形容孝顺竹为"父母在，不远游"，这种精神被中国人所推崇，也丰富了中国的竹文化内涵。

（2）竹精神文化的表现形式

① 诗词书画 诗词书画在中华民族传统文化艺术中有着十分重要的地位，古人在诗词中通过对竹子的描写，来歌颂竹子高尚的品格，在画作中画出自然真实的竹子，来展现他们内心的情操和对生活、对人生的态度。竹子因其高尚的品格和独特的美学价值成为了我国诗画中的主要内容之一。

在美丽乡村规划设计中，可以将有关竹子的诗画融入到乡村景观中，如在建筑立面、墙绘上，把竹子有关的诗画绘制上去，使竹文化元素在美丽乡村中得到展示，表达出竹子高风亮节的高尚品格，形成乡村独特的竹文化氛围。

② 历史典故 竹子因其挺拔颀长的外形，高尚的精神内涵，在历史上留下了许多典故。这些历史典故都深化了竹子的精神内涵，歌颂了竹子高尚的品格。

在美丽乡村规划设计的过程中，可以将这些历史典故通过小品、雕塑等形式展现出来，放置在重要景观节点中，将竹子所蕴含的精神具象化，从而使得人们能更直观的了解竹文化。

③ 竹文化符号　符号是人们对生活的记录，是乡村景观中最具有历史价值的抽象表达，它不仅包括植物、农田、篱笆、湿地、河流等要素，还包括村民的生产劳动、生活用具等等。任何一种符号都是人们归纳抽象的结果。在美丽乡村规划设计的过程中，可以将竹子符号化，将竹叶、竹秆、竹笋等通过提炼，在景观小品、标识标牌、座椅、垃圾桶等设施上展现出来，通过竹文化符号的抽象表达使得乡村的竹文化得到更好的展示，同时也能增添乡村的竹景观特色。

3.2　竹元素对浙江省乡村的影响

浙江省竹类资源丰富，是全国重点产竹省份，也是浙江省林业最有特色、最具优势、极具发展潜力的支柱产业之一，素有"中国竹子看浙江"之美誉。目前浙江省全省竹林面积90.06hm^2，其中，毛竹林有73.33hm^2，总蓄积量20亿株；其他竹林16.67hm^2。竹林总面积约占全国的1/6，浙江省几乎每个区（市、县）都有竹林，其中有13个区（市、县）竹林面积超过2万hm^2，有43个区（市、县）竹林面积超过0.67万hm^2。浙江省的竹林分布可以分为6个生态竹林区，4个亚区，分别是浙东北低山丘陵平原竹林生态区（包括平原竹林生态亚区和低山丘陵竹林生态亚区）、浙西北山地竹林生态区、浙中山低山丘陵盆地竹林生态区、浙西南低山盆地竹林生态区、浙东南沿海低山丘陵平原竹林生态区（包括平原竹林生态亚区和低山丘陵竹林生态亚区）、浙东沿海平岛岛屿竹林生态区。近几年，浙江省的竹林面积不断增加，竹产业规模不断拓展，经济效益稳步提高，极大地促进了浙江乡村的经济发展。由此可见，竹元素在浙江乡村的生产、生活、生态中都占据着重要的地位，可以给乡村的生产、生活、生态带来积极的影响。

3.2.1　竹元素对浙江省乡村生产的影响

浙江省竹产业位于国内前列，竹产业为浙江乡村带来巨大的经济效益，为繁荣乡村经济和增加村民收入做出了巨大的贡献。随着竹产业的不断发展，竹产业在浙江乡村经济发展中占有越来越重要的地位。浙江省的竹产业发展从第一产业出发，推动第一、二、三产业跨产业融合发展，形成一条从竹材栽植培育到竹产品加工再到竹乡旅游的竹产业链。目前，竹产业已经成为浙江乡村的支柱产业，村民有60%的收入都源于此。2017年浙江省竹产业总产值达到485.5亿元，其中有40多个区（县、市）超亿元，安吉县更是高达200亿，由此可见，竹产业为浙江乡村带来了切实可观的经济效益。

3.2.1.1　第一产业——竹材的种植

根据统计，浙江省全省有300多万农民从事竹材种植行业，但是竹种植产业的经济效益并不是很理想。在2005年时，村民通过种植竹子，一年可增收9亿元的收入；然而到了2015年，种植竹子所带来的经济收入却下降到7.8亿元。从这个数据不难发现，随着社会的不断进步和发展，单纯的种植竹子已经不能给村民带来足够的经济效益，因此需要通过将第一产业与二、三产业融合发展来改善这个局面，提高经济效益。

3.2.1.2　第二产业——竹产品的加工

浙江省全省有超过10万农民从事竹产品加工，竹产品加工的企业有4000多家，年产值20亿以上的企业已经达到了20多家，年产值超过5000万的企业也有上百家，主要加工的竹产品有竹地板、竹窗帘、竹工艺品、竹家具、竹笋、竹炭、竹纤维用品等，涵盖人们日常生活、衣食住行各个方面。

3.2.1.3　第三产业——竹文创、旅游产业的兴起

在第一产业和第二产业发展的基础上，在浙江乡村中，以商贸和休闲为主的第三产业得到了飞速的发展。在浙江的一些乡村，政府出资建立竹博览园、竹博物馆等，举办有关竹元素的高峰论坛、设计大赛等，创建竹文创基地，吸引游人前来体验、游玩，从而使得乡村的经济效益得到提高。竹乡旅游是浙江乡村近年来开发的新兴竹产业，依托乡村独特的竹林资源，结合乡村地域文化，发展以竹元素为主的乡村旅游，村民们也积极开发以竹元素为主题的民宿、农家乐，竹美食、竹商品等，增加创收。遂昌县三仁乡，以竹元素为主题，建立竹海风景区和竹种观赏园，同时开展农家乐，以竹元素作为主要食材，让游客品味竹笋美食，品尝独特的活竹酒。位于安吉县天荒坪镇五鹤村的大竹海更是被搬上银幕，被世人所熟知，安吉成为了竹景电影的主要拍摄场地。

3.2.2　竹元素对浙江省乡村生活的影响

竹元素具有外形美观、气味清香、质量轻、韧性好、抗压力强等特性，也正是因为因为这些特性，竹子与浙江乡村人民的日常生活变得密不可分，与村民的生活息息相关，渗透在乡村人民生活的衣、食、住、行各个方面，对村民的日常生活起到了不可忽视的作用。

3.2.2.1　竹元素与生活器具

在浙江的乡村，人们进行日常生产生活时，经常会用与竹元素有关的生活器具，采茶时装茶叶的竹篓、收割水稻时放置水稻的竹筐、盛放食材时使用的竹篮以及用于过滤水分的竹滤筛等生活器具都是采用竹条编织而成；另外，生活中用于清扫卫生的扫帚也是采用竹材制作而成的，村民家中的竹椅、竹筷、竹蒸笼等都是由竹材制作而成。由此可见，与竹相关的生活器具在浙江乡村人民的日常生活中随处可见，渗透于浙江乡村人民生活中的点点滴滴，是人们开展生产生活活动必不可少的生活器具。

3.2.2.2　竹元素与服饰

在服饰上，以前的浙江乡村人民会穿着竹衣、竹鞋，配搭竹斗笠、竹簪、竹镯等，

但是随着社会不断发展，除了竹斗笠以外，其他与竹元素相关的服饰都已经被现代的用品所替代，这些竹服饰都被陈列在竹博物馆用于展示。在乡村中，村民会在劳作时穿着竹斗笠来遮阳避雨，竹斗笠是以竹为原材料，通过编织而成，它有着不同样式。另外在今天的浙江乡村，竹斗笠也不仅仅是村民劳作时遮阳挡雨的用具，它还成为了游客和钓鱼人士的遮阳帽，以及乡村庭院和农家乐里彰显竹文化的装饰品。

3.2.2.3　竹元素与建筑物、构筑物

竹子因其良好的力学特性在建筑物、构筑物上发挥着重要的作用，在浙江的乡村中，竹建筑一般有两种形式，一种是整个建筑都采用竹材料建造而成，另一种是建筑物的主体采用水泥混凝土，外立面采用竹材包围。构筑物在浙江乡村中的出现形式是在乡村的广场、小游园等公共活动空间中，有采用竹材搭建而成的竹亭、竹廊等，可供村民及游客休息之用；乡村中还有利用竹子搭建的竹桥，满足村民通行的需求，有采用竹材制作而成竹筏、竹船等，为人们开展水上活动提供了便利。这些竹元素有关的构筑物满足了村民的日常生活需求，为他们的生活带来了便捷。

3.2.2.4　竹元素与娱乐

在娱乐上，竹子可以制作成各种乐器、玩具、工艺品，丰富村民的业余生活。竹笛、竹箫、竹笙都是很常见的竹制乐器，尤其是竹笛，它位于中国民族管乐器之首，在戏曲、说唱伴奏中起到重要的作用。竹竿舞、竹弓箭、放风筝、舞龙灯等这些娱乐活动也都是用竹子制作而成的，与竹子密不可分，让村民在闲暇之余可以锻炼身体，让心情得到放松。

3.2.2.5　竹元素与美食

竹美食是浙江乡村人民在日常生产、生活、实践中产生的一种多角度、高品位的地域性文化。竹类植物竹笋是极受乡村人民喜爱的美食，它们具有很高的营养价值。竹笋更是浙江乡村常见的食材，竹笋可以采用烩、爆、炒、焖、熘、蒸、煮等多种烹饪方式，制作出200多道美食。"百笋宴"也因其丰富的营养价值被烹饪专家们誉为"天下第一素食"，也成了竹美食文化中的一朵奇葩。竹筒饭也是浙江乡村的特色美食之一，将刚砍伐的竹秆洗净，剖开，加入村民自己种植的大米，采用柴火慢慢烧制，最后烧制出来的竹筒饭有着独特的竹子清香。竹还具有很高的医用价值，竹叶、竹根、竹茎、竹秆都可作为药用材料，竹黄、竹荪也是浙江乡村人民常用的治病良药。

3.2.3　竹元素对浙江省乡村生态的影响

3.2.3.1　浙江省竹林生态区划分

浙江省地形丰富多样，西南部以山地为主，中部地区以丘陵为主，东北部则是低平的冲积平原。整个浙江省大致可分为浙北平原、浙西丘陵、浙东丘陵、中部金衢盆地、浙南山地、东南沿海平原及滨海岛屿等6个地形区。由于长期受到气候、地形、人为等因素的影响，不同地区分布的竹子种类有所不同，将浙江省竹林划分为6个竹林生态区、

4个亚区，分别为：浙东北低山丘陵平原竹林生态区（包括平原竹林生态亚区和低山丘陵竹林生态亚区）、浙西北山地竹林生态区、浙中山低山丘陵盆地竹林生态区、浙西南低山盆地竹林生态区、浙东南沿海低山丘陵平原竹林生态区（包括平原竹林生态亚区和低山丘陵竹林生态亚区）、浙东沿海平岛岛屿竹林生态区（表3.4）。

表 3.4　浙江省竹林生态区分布表

竹林生态区		主要地区
浙东北低山丘陵平原竹林生态区	平原竹林生态亚区	杭州、宁波、慈溪、嘉兴、平湖、海宁、桐乡、嘉善、海盐、湖州、绍兴、长兴
	低山丘陵竹林生态亚区	余姚、奉化、上虞、嵊州、绍兴县、新昌、三门、宁海、天台
浙西北山地竹林生态区		富阳、临安、德清、安吉、诸暨
浙中低山盆地竹林生态区		建德、桐庐、淳安、金华、兰溪、东阳、义乌、永康、武义、浦江、磐安、丽水、给云
浙西南中山盆地竹林生态区		衢州、江山、常山、开化、龙游、龙泉、云和、庆元、遂昌、松阳、景宁
浙东南低山丘陵平原竹林生态区	低山丘陵生态亚区	泰顺、文成、青田、永嘉、仙居、临海
	丘陵平原生态亚区	温州、瑞安、乐清、平阳、苍南、台州、温岭
浙东沿海半岛岛屿竹林生态区		象山、舟山、岱山、嵊泗、玉环、洞头

（1）浙东北低山丘陵平原竹林生态区

该区位于浙江省东北部，该区的北部地形以平原为主，东部则以山地地形为主。因此，将北部地区划分丘陵平原生态亚区；东部划分为低山丘陵生态亚区。

该竹林生态区是所有分区中面积最大的一个区，在该区中除了少量人工引种栽培的丛生竹之外，几乎没有丛生竹的分布，属于散生竹和混合竹林区，主要的竹种是毛竹（*Phyllostachys edulis* cv. *Pubescens*）、雷竹（*Phyllostachys violascens* 'Prevernalis'）、早竹（*Phyllostachys violascens*）、绿竹（*Dendrocalamopsis oldhami*）、白哺鸡竹（*Phyllostachys dulcis*）。

（2）浙西北山地竹林生态区

该区位于浙江省西北部，地貌以低山为主，气温低、光照足，十分适合毛竹生长，是浙江省主要的竹林产区，竹种以毛竹、雷竹、早竹、早园竹（*Phyllostachys propinqua*）为主。

（3）浙中低山盆地竹林生态区

该区位于浙江省中西部，地貌以盆地为主，气候湿润多雨，以散生竹为主，主要有早竹、角竹（*Phyllostachys fimbriligula*）、白哺鸡竹等。

（4）浙西南中山盆地竹林生态区

该区位于浙江省西南部，地貌主要为盆地和中山。该区降雨量充足，非常适合毛竹生长，其他散生竹也能正常生长。

（5）浙东南低山丘陵平原竹林生态区

该区位于浙江省东南部，整个地貌自西向东由低山、丘陵向沿海平原以及河口平原呈阶梯状下降。根据该区丰富的地形，将其分为两个亚区，西面及西北面是以低山丘陵为主的低山丘陵生态亚区；东南部是以丘陵平原为主的丘陵平原生态亚区。

该区气候温暖，光照充足，雨量充沛，以分布丛生竹为主。竹种以孝顺竹（*Bambusa multiplex*）、水竹（*Phyllostachys heteroclada*）、苦绿竹（*Dendrocalamopsis basihirsuta*）。

（6）浙东沿海半岛岛屿竹林生态区

该区是6个分区中最小的一个，由沿海半岛与岛屿组成。受海洋性气候的影响，降雨量丰富，风速较高，不适合抗风性能差的散生竹的生长。该区的竹资源几乎全部分布在象山半岛。

3.2.3.2　竹元素的生态价值

竹子强大的地下根系，盘根错节，形成严密的网状结构，竹林林冠庞大，枝叶浓密，能够截留部分降水，起到防风固沙、保持水土、涵养水源的作用。竹子爆发式生长和隔年采伐利用的独特性，使得竹子蕴含着巨大的固碳增汇潜力，对应对气候变化中有着重要作用，能减缓大气中二氧化碳的积累。竹林因其湿润舒适的环境，使得许多鸟类在此定居栖息，竹子还具有特殊的竹鞭结构，这使得竹子具有庞大的地下根系，可以改良土壤结构，提高土壤肥力；另外，竹子发达的根系具有较强的分解能力，可以对林下的凋零物进行分解，使得竹林土壤潮湿且极富有机质，让许多喜荫植物能得以茁壮成长。另外，竹类植物可以通过光合作用，让乡村的环境中的碳氧达到平衡，同时乡村中大片的竹林可以吸收二氧化硫、氟化氢、风尘等有害气体，释放氧气和杀菌素，起到净化空气的作用。研究表明，尘土经过竹林后，其量可以减少50%；竹林还可以起到声波的反射、吸收和阻碍的作用，据相关实验测定发现，一条宽40m的竹林，可以减少10~15dB的噪音。同时，竹林还具有改善小气候的作用，竹类植物通过蒸腾作用，向外界输送大量的水分，吸收热量，从而导致乡村环境温度降低，湿度增加。实验数据表明，在夏季竹林比空旷场地的温度要低3~5℃，湿度要高30%。由此可见，竹子对乡村生态环境的保护和改善方面有着重要的作用。

4 余杭区石竹园村竹元素应用现状分析

4.1 项目概况

石竹园村位于余杭区百丈镇的北部，东与德清县接壤，西北与安吉县相邻，南与鸬鸟镇相连，距离杭州市中心仅有46 km，距上海市185 km，距杭长高速入口8 km，04省道穿过村庄境内。总体区位条件良好，交通十分便利。

4.2 石竹园村竹资源现状

4.2.1 竹自然资源

石竹园村中竹自然资源非常丰富，乡村所处的丘陵山地型的地形地貌和温暖潮湿的气候类型十分适合竹子的生长。整个石竹园村竹林面积高达17350亩，森林覆盖率达86%以上（图4.1）。植被有400多种，主要的竹子的种类有毛竹（*Phyllostachys heterocycla*）、早竹（*Phyllostachys praecox*）、苦竹（*Pleioblastus amarus*）、刚竹（*Phyllostachys sulphurea*）、淡竹（*Phyllostachys glauca*）等植物。

4.2.2 竹文化资源

石竹园村有着悠久的历史文化，甘岭自然村的竹节龙灯极具乡村竹特色，是石竹园村的传统竹文化之一（图4.2）。关于竹节龙灯的由来在石竹园村有一个传说，在民国二十三年（1934）的夏天，天气干旱少雨，甘岭村的人们采用多种方法求雨都没有用，直到有一天，一位长须飘逸的老人告诉一位村民，让村民们齐心协力制作成一条龙出来，并将龙舞起来，他们的困难就能得到解决。于是，村民们便将全条龙分成若干节，每节采用毛竹篾片与布合制而成，每节龙身相连结的地方都是一样大小的接口，合起来就是一条完整的竹节龙。在观世音菩萨生日的当天，村民们到天灯寺舞龙求雨，果真没多久，天上便乌云密布，雷声隆隆，下起了倾盆大雨，之后村民都会在节日舞起竹节龙，以此来祈求风调雨顺，国泰民安。长此以往，竹节龙灯也成了人们欢庆风调雨顺，祈求国泰民安、五谷丰登和生活安康的一种方式。

图4.1 竹自然资源现状

图4.2 竹文化资源现状

4.2.3 竹产业资源

竹产业是石竹园村主导产业之一（图4.3）。石竹园村是整个余杭区较大的竹制品原料供应地，毛竹是当地竹农经济收入的重要来源，但是最近几年随着时代的发展，社会的进步，这条路已经很难再继续走下去了，竹农们很难再依靠传统产业创造经济效益。从2014年起，石竹园村便开始发展竹产品加工产业，当年实现竹制品工业产值20亿元，占全村工农业总产值的61.1%，竹制品远销日本、美国、澳大利亚、德国、新西兰、南非等20多个国家，出口交易额达4.8亿元人民币。全村现有竹制品企业75家，生产销售竹制品20个系列300余个品种的竹产品，竹产业从业人员近6000余人。省级农业龙头企业1家，区级以上农业龙头企业4家，区农产品出口名牌企业1家，上市培育企业1家，农业电子商务企业3家。拥有注册商标20余个，专利70个。

图4.3　竹产业资源现状

4.3 石竹园村现状分析

石竹园村总规划面积13.6hm²，由何家边、杨坞里、里百丈、中百丈、南庄坞、孙家舍、石竹园、甘岭8个自然村组成（图4.4）。石竹园村无违章建筑，房屋大多完好，部分破旧房屋待修缮，整体建筑风格清新明亮（图4.5）；村内为硬化道路较少，主干道以混凝土为主（图4.6）；但村内围墙普遍为封闭式围墙，采用水泥堆砌而成，景观性较差；庭院杂乱，形式单一，景观效果差（图4.7）；村庄内杆线布点杂乱，随处可见的杆线给景观效果的营造造成一定的干扰（图4.8）。村内绿化树种丰富，植物品种繁多，结构层次复杂，但都是以常绿树种为主，缺乏色叶植物的点缀，因此景观效果上缺少色彩美。石竹园村村内的配套基础设施也较为健全，文化大礼堂、卫生院、幼儿园、小学等的公共服务设施已经存在（图4.9、图4.10）。

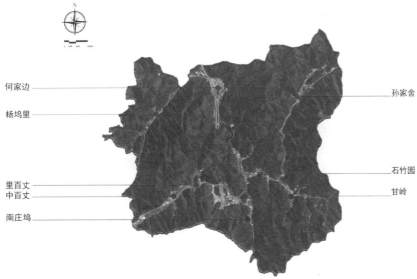

图4.4 自然村分布图

图4.5 建筑现状图

图 4.6　道路现状图

图 4.7　围墙现状图

图 4.8　杆线现状图

图 4.9　文化大礼堂

图 4.10　孙家舍礼堂

4.4　现状评估

依据《美丽乡村建设指南》，通过对石竹园村的实地走访调查，对石竹园村村内现状进行了评估。分别对生态建设、村容美化、基础建设、乡风文明和产业发展五大项中的21小项的评估，通过下表可以看出石竹园村村内现状有8项已经达标，4项基本达标，有9项尚未达标（表4.1）。

表 4.1　现状评估表

类别	细项	评估标准	现状	评估意见
生态建设	垃圾处理	落实城乡环卫一体化，全域保洁到位，推进生活垃圾分类及资源化处理	村庄环境较为整洁，实施了垃圾分类处理	已经达标
	五水共治	全面剿灭劣五类水，农村生活污水治理工作达标，运维管理机制完善	对村庄进行了污水治理，清除了黑臭水体	已经达标
	生态保护	实施工业企业污染治理，规范提升农家乐，保护农村自然生态风貌	农村自然生态风貌完好，农家乐建设刚刚起步	基本达标
	美丽田园	风景田园建设，控制农业面源污染，营造优美田园风光	田园景观杂乱且不规整	尚未达标
村容美化	规划引领管控	编制实施方案，环境提升设计有特色。建立农村建筑风貌管控引导机制	农村建筑风貌管控引导机制较完善	基本达标
	无违建创建	拆除存量违法建筑。各类建设项目依法合规无新增违建和违法用地	违法建筑已拆除，无新增违建和违法用地	已经达标
	村容秩序整治	实施村庄环境风貌综合整治，基本消除视觉污染，规范村容秩序管理	村庄环境优美，部分场地有待整改，村容秩序管理规范	已经达标
	建筑风貌整治	实施围墙改造和建筑立面整治，做到风貌统一、色彩协调、整洁美观	现有少部分房屋破旧且脏乱，围墙多数封闭	尚未达标
	美丽庭院创建	美丽庭院创建活动参与率100%，实现庭院内外洁化、序化、绿化、美化	现有庭院景观单调且不规整	尚未达标
	杆线梳理整治	实施农村强弱电线杆及线路整治，重点区域弱电归并或入地	杆线布点杂乱，有碍于景观美化	尚未达标
	村庄绿化彩化	提升村庄绿化水平，营造乔木为主的特色乡村绿化景观，落实绿化养护	绿化率高，植物品种丰富，层次饱满，但缺乏彩叶树种	尚未达标
	景观特色营建	开展村口、公园、遗迹等关键节点美化，打造景观两点，重塑乡村美景	未有特色景观节点	尚未达标
	道路交通建设	道路通达顺畅，路面平整，标识齐备，合理设置停车场(位)和路灯	道路顺畅，路面较平整，缺乏配套标识系统	基本达标

（续）

类别	细项	评估标准	现状	评估意见
基础建设	村落景区建设	以景区标准建设乡村，完善旅游配套设施，创建村落景区	尚未有村落景区，旅游配套设施未完整	尚未达标
	公共服务设施	农村社区服务中心、村务公开栏等服务设施功能齐全、正常运行	服务中心、村务公开栏设施功能齐全、正常运行	已经达标
	文体活动设施	农村文化礼堂等公共文化设施齐全，开展文体活动，打造文化品牌	文化礼堂设施较齐全，功能较为完善	基本达标
	公共配套设施	公厕、治安监控、消防、信息化等配套设施到位，建立指示导向系统	公共配套设施尚未到位，未建立指示导向系统	尚未达标
乡风文明	文化保护传承	开展文化遗产调查，实施修缮保护工作，建立文化遗产保护传承体系	不可移动文物保存较好	已经达标
	文明风尚培育	深化农村精神文明建设，完善村规民约，培育和美村风民风	村民待人和善，民风淳朴热情	已经达标
	群众支持参与	建立健全"党建+美丽乡村"机制，发动群众自觉支持参与美丽乡村建设	群众大力支持参与美丽乡村建设	已经达标
产业发展	竹加工产业	发展美丽经济，培育农村新型业态，经营村庄，促进农民创业增收	村民主要从事竹凉席、竹窗帘等各类竹制品加工，经济来源单一	尚未达标

4.5　竹元素在石竹园村中的应用中存在的问题

通过对石竹园村竹资源现状的分析和乡村环境现状的评估，发现石竹园村现状总体较好，但在乡村中竹元素的运用较少，在竹类植物景观营造、竹材料的使用、竹文化的展示上都不够充分，没有很好地体现出石竹园村的竹特色。

4.5.1　竹类植物景观营造缺乏特色

在石竹园村中，虽然竹林面积较大，但是竹类植物的景观营造较为单一，竹种在形态、色彩上缺乏特色，在竹种的选择上也没有考虑与周围的建筑、水体、其他植物的搭配组合。竹类植物的种植手法也较为简单，从而导致乡村整体竹类植物景观略显单调，缺乏特色。

4.5.2　竹材料应用缺乏创新

竹材料是乡村建设中的主要材料之一，在美丽乡村建设中，利用竹材料可以营造出具有浓厚竹文化的乡村景观。经过调查发现，在石竹园村中庭院围墙都是采用水泥混凝土堆砌而成的封闭式围墙，使得庭院整体景观效果较差，篱笆虽然是用竹材料制作而成，但其应用形式较为单一，缺乏创新，竹材料在颜色、样式上都较为相同，缺乏与其他材料的搭配使用，因此，在景观效果表达上显得单薄且缺乏特色。

4.5.3 竹文化展现不充分

在石竹园村中，竹文化的挖掘与展示较不充分，经过上述的调查发现，人们更多的是注重在视觉、听觉和触感上向人们展现竹子，或者采用宣传栏等直接的方式展现竹文化，而缺乏对竹文化的提炼，这种做法使得竹文化不能得到充分的展示，人们也无法更深层次地感受竹文化的韵味和精神。在石竹园村美丽乡村规划设计的过程中，需要对竹文化进行深入地挖掘和利用，将竹文化加以提炼，使其得到充分展示。

5 竹元素在余杭区石竹园村美丽乡村规划设计中的应用

5.1 规划层面

5.1.1 规划目标

石竹园村历史悠久，村内竹海连绵，山清水秀、气候宜人，自然环境优美。全村以竹制品加工为主导产业，且村内竹文化丰富，故以鲜明的"竹元素"为形象定位，以"观竹品竹，韵味石竹(十足)"为主题，以竹林景观为主要特色，竹食品品尝为主要功能，竹文化体验为主要类型的2A旅游景区标准的美丽乡村精品村。

5.1.2 规划原则

（1）尊重竹元素自然属性，营造竹植物景观

竹类植物本身在竹秆、竹叶上就具有较高的观赏价值，竹子的幼芽（竹笋）和花也极具特色。因此，在进行美丽乡村规划设计时，要尊重竹类植物的自然属性，合理应用竹类植物的自然元素，从而展现出竹元素的自然之美。

（2）适地适群落，充分彰显竹之美

不同的乡村在地理交通、经济水平、地形地貌、气候、土壤、光照上都存在着差异，这也就导致在进行美丽乡村规划设计时，竹元素应用的方式方法也都不尽相同。因此，应该充分了解村庄的环境条件和气候条件，例如，在竹种的选择上要考虑现有的气候和土壤是否适合该类竹种的正常生长，避免最后营造出来的景观效果不尽人意；另外，竹类植物在与其他植物、建筑物、构筑物、山石小品组合造景时，要充分考虑竹与其他植物群落能否和谐共生，与建筑物、构筑物、山石小品等在体型和色彩能否相协调，从而形成较好的景观效果。因此，在美丽乡村规划设计的过程中要充分遵循适地适群落的原则，使得竹子的自然之美能得到最充分的展示。

（3）创新发展竹元素，体现竹物质文化

现如今的乡村更加注重创新发展，在景观设计方面也是如此，需要通过创新的手法表达乡村竹特色，提高村民生活质量。在进行美丽乡村规划设计时，选择使用竹材料，但在工艺、样式、施工手法上可以在总结前人优秀经验的基础上，加以创新改造，或者与其他元素搭配组合，从而创造出满足现代人生活要求、适合当代审美的竹景观，展现竹元素独特的物质文化。

（4）活化竹元素符号，彰显竹精神意境

竹元素符号是对竹元素的抽象表达，通过艺术手法和现代技术，把竹元素进行提炼和抽象化处理，创造出竹文化符号，并将其融入到规划设计之中，展现出竹元素所具备的精神文化内涵。在美丽乡村规划设计的过程中，通过一定的手法活化竹元素符号，为乡村景观赋予竹元素有关的精神与品格。

5.1.3 规划布局

根据石竹园村的地理区位、资源特色及发展定位，将石竹园划分为"一区四带"的总体布局结构（图5.1）。

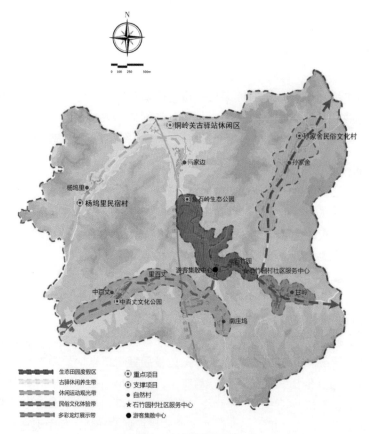

图5.1 总体布局图

一区——生态田园度假区，位于石关线和百甘线上，涵盖了整个石竹园，是该规划的核心区域。以滨水公园、美丽田园、乡村民宿、鱼石岭生态公园等作为核心项目，并配备停车场、游客中心、候车厅等基础设施，打造一个集休闲娱乐、休憩观景于一体的生态田园度假区，为游客提供独特的田园度假体验。

四带——古驿休闲养生带、休闲运动观光带、民俗文化体验带、多彩龙灯展示带。

古驿休闲养生带位于石关线与百关线上，规划时以百关线为主体，对道路两侧的景观、围墙、庭院进行景观提升，将何家边原有的废弃礼堂区域改为休憩广场；对杨坞里村入口景观进行改造，体现竹特色；将原有健身场地扩宽修建长廊，以供人们休息之用；同时该区域设有民宿和历史遗留的铜关岭景区。

休闲运动观光带位于百甘线上，规划时以百甘线为主体，在村入口规划休闲小游园，放置特色村入口标识。设置游步道、骑行步道。在该区块中心设置竹艺小品园，将由竹子加工而成的竹艺景观小品放置其中，集运动、休闲、观景于一体，让游客更好地体验村庄特有景观。

民俗文化体验带位于王石线、王杨线上，该带涵盖了孙家舍的马灯文化，是当地传统的民间文化，由毛竹条扎制而成，逢年过节村里便会亮起马灯，欢度节日。该区块在规划时将马灯文化融入景观设计其中。

多彩龙灯展示带位于百甘线上，甘岭的龙灯文化是甘岭村民世代传承的民间艺术，具有浓郁的地方特色。该区块的规划在道路景观中采用"龙灯"作为景观装饰，形成独特的景观带。

5.1.4　规划策略

规划策略拓扑图如图5.2。

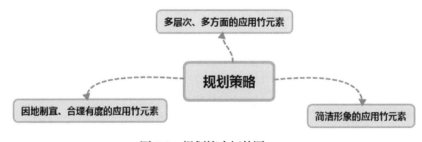

图 5.2　规划策略拓扑图

（1）多层次、多方面地应用竹元素

竹元素在石竹园村美丽乡村规划设计中的应用要渗透到石竹园村的各个方面，让竹元素贯穿于石竹园村之中，使石竹园村充满竹文化氛围。在石竹园村的村入口，广场、游园、道路等公共活动空间，建筑、庭院等村民生活场所，基础设施，景观小品中都将竹元素融入其中，对竹元素加以利用，从而展现出石竹园村浓厚的竹文化氛围。

（2）因地制宜、合理有度地应用竹元素

在石竹园村美丽乡村规划设计中应用竹元素时，首先应充分了解场地性质、功能以及场地的现状、场地周边环境等，再根据这些条件，选择合理的竹元素表现手法；因地制宜地运用竹元素，从而营造出具有地域特色的竹景观。

（3）简洁形象地应用竹元素

在石竹园村美丽乡村规划设计时，竹元素的应用应当简洁、形象，通过对竹元素特征的提炼、简化，抽象竹元素符号，并将其与现代的技术手段、新型材料相结合，运用于石竹园村景观规划之中，通过简单明了的竹元素符号表达出竹元素虚心谦和、坚韧不拔、高风亮节的精神内涵，从而展现出石竹园村的竹特色和竹文化氛围。

（4）道路系统规划

道路系统可以分为外部交通和内部交通，外部交通主要是指杭长高速，它横穿石竹园村，是石竹园村与外界联系的主要通道。内部交通包括村内主干道、骑行绿道和观景游步道。村内主干道是村庄内部原有的道路，是连接石竹园村各个节点的主要道路；骑行绿道位于里百丈的石竹园村村入口处，宽度约为4 m；观景游步道位于石竹园溪周边，宽度约为4 m（图5.3）。

竹元素在石竹园村道路中的应用，主要体现在四条主要的道路，采用"一路、一竹、一色"的景观模式，即一条道路选择一种竹类植物列植在道路两侧，竹类植物在颜色上也不同，从而打造出独一无二的竹特色道路景观（图5.4，表5.1）。

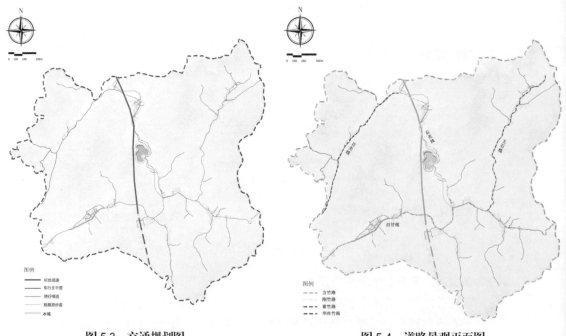

图5.3　交通规划图　　　　　　　　图5.4　道路景观平面图

表 5.1　石竹园村道路景观

道路	竹种	颜色
百甘线	方竹	绿色
石关线	黄皮刚竹	黄色
王石线	紫竹	紫色
百关线	华丝竹	白色

5.1.5　旅游产业规划

在浙江省美丽乡村规划设计的过程中，不仅仅要营造良好的景观效果，还要能在产业发展上给乡村带来一定的经济效益。在不破坏乡村自然环境的基础上，适度开发石竹园林以竹元素为主的竹乡旅游，发展可观、可悟、可买、可食、可体验的旅游产业，让村民参与其中，增加村民收入，繁荣乡村经济。

5.1.5.1　旅游活动的策划

（1）休闲体验活动

石竹园村的旅游活动策划可以大致分为四大类：竹林观光旅游活动、竹文化探访旅游活动、竹业生产活动和参与竹特色民俗活动。

①竹林观光旅游活动　竹林观光旅游活动以游竹林、感悟竹文化为主题，对石竹园村中的竹林进行合理的开发利用，开发竹林观光、竹林探险、竹林野营等旅游活动，游客在竹林中游玩，感受乡村独有的竹景观（图5.5）。

②竹文化探访旅游活动　竹文化探访旅游活动是让游客通过参观走访村落，探索石竹园村的浓厚竹文化氛围。结合石竹园村中自然风光、建筑、乡风民俗活动，在乡村中适当设置竹亭、竹廊、竹秋千、竹吊床等休闲旅游设施，让游客在游览观光的同时，能体验到石竹园村的竹特色；还可以在石竹园溪开展竹排漂流项目，游客乘坐在竹排之上，徜徉在清澈碧绿的小溪中，欣赏沿岸郁郁葱葱、生机勃勃的竹林，感受乡村的山清水秀、人杰地灵（图5.5）。

图 5.5　休闲体验活动

③ 竹业生产体验活动　在规划设计时，在石竹园村规划特定的一块竹林，用于开展竹业生产体验活动。在当地竹农的指导下，游客学习挖笋的知识，了解怎么挖笋以及怎么挖出完整的竹笋；竹农还可以向游客讲解如何种植竹子、给竹子施肥、养护以及砍伐竹子，并让游客参与体验，更加全面地了解竹业生产。另外，还可以开展竹产品的制作活动，在乡村中设置专门的手工作坊，游客可以和当地的村民学习用竹条编织乡村生活中常见的器具小品，还可以学习制作竹乐器等，体验竹产品的独特魅力（图5.6）。

图 5.6　竹体验活动

④ 参与竹特色民俗活动　根据石竹园村的竹资源特色和旅游产品设置，可以策划石竹园村"春茶春笋汇"采摘节、丝竹音乐会、竹梦摄影节、"灯彩万家"赏灯大会等活动，或定期开展有关竹子的民俗活动，比如竹竿拔河、竹竿舞、舞竹龙等。通过这些活动的开展，不仅可以让游客体会竹乡特有的民风民俗，感受到乡村博大精深的竹文化，同时还能增加旅游吸引力，吸引游客游览体验，以节庆撬动石竹园村旅游发展，从而展现出石竹园村浓厚而独特的竹文化，带动乡村的经济发展（图5.7）。

图 5.7　竹民俗活动

（2）科普教育活动

① 竹文化科普教育活动　浙江省乡村中竹资源十分丰富，竹种也非常繁多，识别不同的竹种对游客来说既是一项挑战，也会是一件非常有意思的事。在进行浙江省美丽乡村规划时，可以引进一些适合浙江气候环境的形状、颜色奇特的竹种。可以通过标识

牌、解说牌等设施分别对不同的竹种进行介绍，也可以通过电子解说器对竹种进行详细的介绍，还可以聘请专业的导游进行讲解，更详细地讲述竹子的历史、发展、演变以及与其相关的传说故事等。通过这些方式，让游客在旅游的过程中，了解到更多的竹知识与竹文化（图5.8）。

　　② 竹类教育实习　乡村可以与中小学或农林院系合作，开展竹类教育实习，带领学生深入乡村了解竹类植物形态特征和生态习性以及竹产业的发展状况。通过实地考察，让学生能更加直观深入地了解竹子，了解竹文化（图5.9）。

图 5.8　竹文化科普教育　　　　　图 5.9　竹类教育实习

（3）美食体验旅游

　　① 竹美食的制作　随着城市生活节奏的不断加快，有些人很少能有机会体验到制作美食的乐趣。因此，在浙江省美丽乡村规划设计的过程中，可以开展竹美食制作体验活动，让游客在旅游的过程中能体验到美食制作的乐趣。例如，让游客参与竹笋宴的制作，学习竹笋作为美食的不同做法；还可以让游客体验竹筒饭的制作过程，从竹筒的获取、制作到其他材料的使用等等，每一步游客都亲自参与体验，在竹美食制作的辛苦中体会竹文化的博大精深（图5.10）。

图 5.10　竹美食制作

　　② 享用竹美食　在浙江省美丽乡村规划设计时，游客可以品尝自己辛苦做出来的竹美食，在劳动之后体验美食带来的乐趣；还可以鼓励村民开发农家乐，采用当地的竹原材料，制作地道的竹美食，让游客在旅游的过程中，可以体会到当地的竹特色，感受乡村独特的竹美食文化（图5.11）。

图 5.11　竹美食品尝

5.1.5.2　旅游产品的开发

在进行旅游活动策划的同时，可以适当开发竹元素相关的旅游产品，以此来带动乡村经济的发展。可以出售由竹材料制作而成的竹艺小品，如村民编织的竹筐、竹篮、竹斗笠等手工艺品，或者是竹制的、可以展现乡村习俗和特色的旅游纪念品。还可以售卖竹笋、竹荪等美食产品（图5.12）。

图 5.12　竹旅游产品

5.2　设计层面

5.2.1　设计策略

设计策略拓扑图如图5.13。

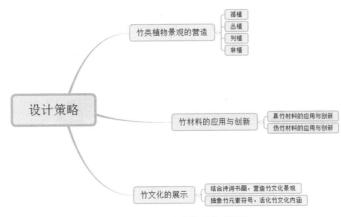

图 5.13　设计策略拓扑图

5.2.1.1　竹类植物景观的营造

竹类植物本身就具有较高的观赏价值。它的竹秆、竹叶都能营造出良好的景观效果。竹类植物的竹秆、竹叶在形态和色彩上都具有极高的观赏价值,在用竹类植物进行景观营造时,可以选用竹秆和竹叶具有特殊样式和颜色的观赏竹种,如竹秆粗大的方竹,有一种豪放的美感;竹秆在部分竹节之间会肿胀变粗,形似佛祖肚子的佛肚竹,能营造出一种古朴典雅的景观氛围。竹秆颜色的不同,也会营造出不同的景观效果,如绿色的竹秆会营造出一种寂静、舒适、生机勃勃的景观效果;黄色的竹秆则会营造出优雅、明快的景观效果;紫色竹秆的竹子会使得整个景观呈现出高贵浪漫的视觉效果。竹类植物还可与其他植物组合进行植物景观的营造,形成更加丰富多样的植物景观。

竹类植物景观营造在视觉上能够给人带来美感,在听觉上也可以具有较强的美感,竹叶较薄而且竹叶生长的也较为稀疏,当有一阵风拂过时,竹叶便会发出窸窸窣窣的响声,而且竹叶发出的响声会根据风速的大小而有所不同,当一阵微风吹过时,竹叶所发出的声响则如同两位窃窃私语的小女孩,但当是一阵狂风吹过时,竹叶则展现出粗犷深远的声韵;微风伴随着细雨则又会是另外一番美感。竹景观这种独特的声韵美能够带给人一种声临其境的感觉,同时也和人们此时的心境相符合,是一种特殊的竹景观的欣赏角度。

（1）孤　植

孤植是指孤立地种植一株或数株观赏竹种,以展现竹子的个体美。在乡村中的重要节点,如乡村入口、中心广场等处,选用形体高大、具有神秘色彩和奇特形态的观赏竹种,如佛肚竹（*Bambusa ventricosa*）、紫竹（*Phyllostachys nigra*）、金竹

（*Phyllostachys sulphurea*）等，孤植在乡村入口、广场上较为突出显眼的位置，在周围建筑物或构筑物的衬托下充分展现竹种的特性。孤植的竹种还可以种植在乡村庭院中、墙角处、窗前，形成"一枝独秀"的意境。除此之外，孤植的竹种可以与山石小品搭配，更凸显竹"咬定青山不放松，立根原在破岩中"的坚初不屈的高贵品质（图5.14）。

图 5.14　孤植

（2）丛　植

丛植是指将一种或多种竹叶细腻、姿态优美的观赏竹种如早园竹、毛竹、观音竹（*Bambusa multiplex var. riviereorum*）等，成丛紧密地种植在一起，丛植常以不等边三角形的方式种植，这种种植方法不仅可以展现竹种的群体美，同时又能烘托出竹的个体美。在美丽乡村中，一般在建筑角隅、庭院内成片地布置竹类植物，在布置时也要讲求远近高低、主次疏密的空间变化，如泰竹（*Thyrsostachys siamensis*）—孝顺竹—小琴丝竹（*Bambusa multiplex f. Alphonse-Ka*）这样的种植方式，形态高大的泰竹种植在远处，矮小的小琴丝竹种植在离人们视线较近的地方，不同的竹种种植的疏密程度也不同，这样形成的竹景观具有层次感，随着视点变化，竹群所展现出来的景观也随之改变（图5.15）。

图 5.15　丛植

（3）列　植

列植可以选用一种竹类植物按一定的线条种植，也可以选用两种及两种以上的竹种间隔种植。竹类植物列植可以是成片列植，或者是成行列植。在乡村中，竹类植物可列植在道路两侧、建筑边缘、广场等活动空间的周围等处。在道路两侧成列种植竹种，可以起到吸收汽车尾气、隔绝噪音、防风除尘的作用，另外，还需要注意避免对行车司机的视线造成遮挡，保证视线的通透；种植时可以稍有弧度的变化，避免景观过于呆板。在建筑边缘，列植竹类植物可以起到软化建筑的作用，同时竹影在墙面上的投影，会使得景观效果更具诗意和意境。竹类植物列植在广场等活动空间的周围，起到围合广场边界的作用，相比其他材料，使用竹种进行边界的围合会使整体景观更加柔和自然（图5.16）。

图 5.16　列植

（4）林　植

林植是成块、成片的大面积种植竹种。在美丽乡村中，成片的竹林能够营造出绿竹成荫，万竹参天的景观效果，可以通过竹林打造迂回曲折的林缘线，疏密有致的林间层次和起伏错落的林冠线，从而营造出"竹风声若雨，山虫听似蝉"的清新境界。微风吹拂过竹林，竹叶发出窸窸窣窣的声响，还可以给人在听觉上带来美感，使得人们的心情得到放松。在竹林中还可以设置蜿蜒曲折的游步道，在适当位置可增设休憩的石桌和石椅。另外，成片种植的竹林还能起到改善生态环境的作用，竹类植物通过蒸腾作用，吸收外界环境中的热量，使得村庄内温度降低，湿度增加，提高乡村环境质量（图5.17）。

图 5.17　林植

5.2.1.2 竹材料的应用与创新

竹材料在浙江省美丽乡村规划设计中的应用手法丰富多样,可以通过竹材料的使用具象地展现出竹所具有的精神文化内涵。竹材料可以根据是否由竹类植物制作而成将其分为原生竹材料和仿竹材料两种。

（1）原生竹材料的应用与创新

竹类植物生长速度快,生长周期短,竹材料加工需要的工艺也不复杂,成本花费少。与其他材料相比,它的质量轻,韧性好,抗压力强,即使使用外力让其弯曲,也不会轻易折断它。另外,竹子因其自身特殊的构造,可以不需要或只需要较少的黏合剂就可以满足设计师的需求。同时,它自身没有辐射（其他人工材料都有不同程度的辐射问题）,还具有较强的吸收二氧化碳的能力,是一种良好的绿色环保材料。

竹材料在浙江省美丽乡村规划设计中可以运用在建筑或庭院围墙、沿河围栏、道路护栏、景观小品、路灯等基础设施中,通过与碎石、青砖等其他乡土材料的结合,展现乡村虚心谦和的竹文化特征。在围墙、栏杆上,可以将原生竹材料截断成竹节,通过横纵相结的方式,制作成庭院围墙或菜地篱笆；在景观小品上,可以采用竹材料手工编制而成的竹筐、竹篮、竹编雕塑等,展现乡村人民坚韧不拔的高尚品格。还可以利用竹筒、竹秆,通过一定的搭配组合,形成具有特殊造型的景观小品。另外,乡村中休息亭廊、宣传栏、科普长廊,一般也可采用原生竹材料制作而成,更加经济实用,与周围的自然环境也更加融合,能展现出典雅古朴的竹韵味,形成一种独特的竹文化氛围（图5.18、图5.19）。

图 5.18　竹亭　　　　　　　　　　　图 5.19　竹桌椅

（2）仿竹材料的应用与创新

仿竹材料一般是指混凝土、铝合金等制作而成,在样式和颜色上与原生竹材料相似,但与原生竹材料相比,仿竹材料更加经济实用,耐久性也较好,具有防潮、防腐的特点。在节约建设成本的基础上,营造出的竹景观效果也更加持久。

在浙江省美丽乡村规划设计的过程中,仿竹材料可以用于沿河护栏、路灯、座椅、垃圾桶等设施中,沿河护栏采用混凝土建造成竹竿的样式,外部喷绘上采用与原生竹材料相似的颜色，在保证沿河护栏安全性的前提上，乡村中的竹元素也得到了体现。路灯、垃圾桶、座椅也可以使用铝合金仿竹材料制作而成，既能展现出竹子的精神文化意境，也能确保基础设施耐用牢固（图5.20、图5.21）。

图 5.20　竹栏杆　　　　　　　　　　　　图 5.21　竹椅

5.2.1.3　竹文化的展示

（1）结合诗词书画，营造竹文化景观

诗词书画在中华民族传统文化艺术中有着十分重要的地位，古人在诗词中通过对竹子的描写，来歌颂竹子高尚的品格；在画作中画出自然真实的竹子，来展现他们内心的情操和对生活、对人生的态度。竹子因其高尚的品格和独特的美学价值成为了我国诗画的主要内容之一。在美丽乡村规划设计中，可以将竹子相关的诗画融入到乡村景观中，如在建筑立面，墙绘、景墙上、把竹子相关的诗画绘制上去，使竹文化元素在美丽乡村中即能得到展示，也能表达出竹子高风亮节的高尚品格，形成乡村独特的竹文化氛围（图5.22）。

图 5.22　竹文化展示

（2）抽象竹元素符号，活化竹文化内涵

符号是人们对生活的记录，是乡村景观中最具有历史价值的抽象符号。任何一种符号都是人们对某种事物归纳抽象的结果。在美丽乡村规划设计的过程中，可以将竹子符号化，将竹叶、竹秆、竹笋等通过提炼，应用在宣传设施、座椅、地面铺装等设施上。

在宣传设施上，将竹叶、竹秆等竹文化符号镶嵌在其中，凸显出乡村人民吃苦耐劳、清正廉洁的精神品格；竹子的横截面与细胞的形状类似，将竹子的横截面抽象化，形成大大小小的竹细胞，运用于座椅的座面上，展现乡村人民虚心的品德、高尚的气节；在有靠背的座椅上，还可以将镶嵌有竹子的诗画的铸铁背板于靠背上，以此来凸显乡村人民的谦虚坚韧。乡村中的路灯和景观灯可以通过对竹元素符号的提取，创新其样式，将竹叶、竹秆、竹笋元素符号融入其中。通过竹文化符号的抽象表达使得竹文化在浙江省美丽乡村中得到更好的展示，同时也能增添乡村的竹景观特色（图5.23）。

图 5.23　竹元素符号的融入

5.2.2　竹元素在石竹园村中的具体设计

5.2.2.1　竹元素在公共活动空间中的应用

（1）村庄入口

村庄入口是美丽乡村规划设计中的一个亮点，它展示了村庄的形象，是乡村形象的重要标志，也是乡村与外界联系的必经场所，村庄入口的标志性景观也是凸显村庄文化的重要场所，因此村口标志也蕴含了村庄的地域文化，是美丽乡村极具代表性的节点。石竹园村的村庄入口位于中百丈自然村，与04省道相邻，是美丽公路途经的重要节点，现有一处较大的绿化用地，土地被荒废，景观效果较差（图5.25）。

在对石竹园村美丽乡村规划设计的过程中，对这块场地进行了重点打造，用来向人们展现石竹园村的竹文化。首先对于标志性景观的设计，在遵循景观设计学理论的基础上，采用不锈钢仿竹材料、耐候钢板和石材基座制作而成，整个标志性景观的高度约为2m，与周围的竹林环境达到和谐统一，标志性景观上部采用不锈钢材料制作成3个大小不一仿竹的竹筒形状，3个竹筒的横截面上镶嵌的耐候钢板上雕刻有竹画，通过竹材料与现代技术的结合，将竹元素与自然环境相结合，从而展现出石竹园村独特的竹文化；另外大块绿地改造成竹类小游园，结合景观生态学原理，运用自然、生态的设计理念，将竹元素通过景观的形式展现出来，从而营造出清新雅致的竹林空间。小游园以竹文化为主题，以竹类雕塑、竹简造型、竹诗词歌赋为主要景观要素，展现出石竹园村的竹特色；以种植竹类植物为主，选择不同品种、不同色彩的观叶、观秆类竹种，如菲白竹、紫竹（*Phyllostachys nigra*）等，既能起到科普的作用，又能形成良好的竹景观，展现出石竹园村浓厚的竹文化氛围；

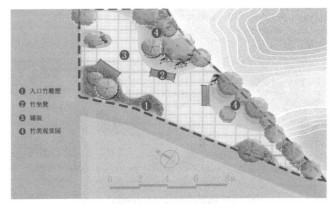

图 5.24　入口平面图

小游园内设置的座椅等休息设施，采用竹材料制作而成，在座椅的靠背上镶嵌有竹子诗画的铸铁背板，在满足游客休息的同时，也能将竹元素很好地融入到景观中去。整个入口景观的设计既能提升景观效果，又能展现出石竹园村丰富的竹文化（图5.24~图5.26）。

图 5.25　入口现状图

图 5.26　入口效果图

（2）广　场

石竹园村有多处废弃广场，场地被村民用来堆放杂物，整体现状较为杂乱，景观效果较差（图5.27）。

在进行石竹园村竹元素规划设计应用时，首先将原有的铺装拆除，铺设乡村中常见的老石板，再通过符号学理论的相关知识，运用现代的技术手段将竹叶、竹秆等竹文化符号的纹样镶嵌在老石板中，体现石竹园村竹文化氛围的同时又能表达出乡村的生态性；另外还在广场上增加竹材料制作而成的休憩长廊和座椅；广场上的植物景观可以选用乔木状的竹种与藤本或草本类铺地竹的搭配组合，乔木状的竹种可以选择小琴丝竹等形态奇特、颜色丰富多彩的竹类植物，铺地竹可以选择菲白竹、鹅毛竹（*Shibataea chinensis*）、碧玉间黄金竹（*Phyllostachys sulphurea* cv. Houzeau）等，丛植或孤植在广场花坛或绿地中，丰富竹景观层次，提升竹景观效果；再适当摆放竹制景观小品，将石竹园村的竹特色充分展现出来（图5.28）。

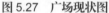

图 5.27　广场现状图　　　　　　　　　　图 5.28　广场效果图

（3）道路景观

在道路景观上，竹元素的运用主要有几种不同的样式：一种是在道路旁的绿地上摆放用竹条编织而成的景观小品，这些竹编景观小品多为村民日常生产生活中常见的器具，可以用这些竹制品种植其他草本花卉，提升整体的竹景观效果。另一种是道路两侧为墙体，将墙体进行刷白处理，然后在墙体上绘制竹文化有关的诗画等，将石竹园村的竹文化充分地展现出来，营造出浓厚的竹文化氛围。还可以采用墙绘与竹简相结合的方式，在合适的位置悬挂由竹片拼接而成的竹简，上面刻有与竹文化相关的诗词歌赋，旁边搭配着竹子水墨画，营造具有浓郁竹文化氛围的道路景观。在乡村道路景观的规划上，充分遵循景观美学的原理，在不同的道路上展现出不同的竹景观，竹元素的应用方式也灵活多变，避免人们产生视觉审美疲劳，从而营造出独一无二的竹道路景观（图5.29~图5.34）。

图 5.29　道路景观现状图　　　　　　　图 5.30　道路景观效果图

　　　图 5.31　道路景观现状图　　　　　　　　图 5.32　道路景观效果图

　　　图 5.33　道路景观现状图　　　　　　　　图 5.34　道路景观效果图

5.2.2.2　竹元素在建筑庭院空间中的应用

　　建筑庭院空间是村民聚居生活的空间，人们的日常生产、生活都在此展开，建筑庭院空间也是乡村景观的焦点，它的景观效果一定程度上反映了村庄的生活水平和历史文化背景。该案例将石竹园村的建筑庭院空间分为建筑和庭院空间两大部分。

　　（1）竹元素在建筑外立面上的呈现

　　石竹园村的建筑风貌总体较为整洁，但有部分房屋破旧且杂乱，村庄内的建筑样式也比较杂乱，有的建筑是传统建筑风格，有的则是近现代的别墅样式，影响村庄整体风貌的打造。石竹园村建筑风貌改造主要为杨坞里自然村和石竹园自然村（图5.35、图5.36），在对石竹园村美丽乡村规划设计的过程中，建筑立面改造采用立面墙绘或立面改造两种方式，使乡村内的建筑风格协调统一。

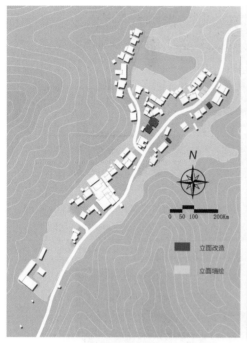

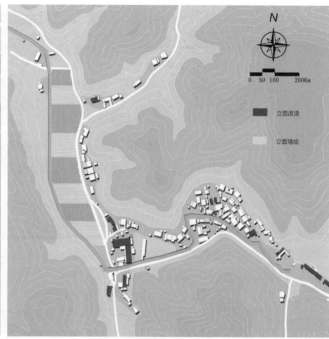

图 5.35　杨坞里立面整治布点图　　　　　图 5.36　石竹园立面整治布点图

　　对于建筑风格较为简单的单层建筑，立面统一采用刷白处理，再在墙面上适当绘制与竹有关的水墨画或诗词歌赋，与周围营造竹景观产生联系，展现出石竹园村浓郁的竹文化氛围（图5.37）。

图 5.37　建筑现状图　　　　　　图 5.38　建筑立面刷白效果图

　　对于两到三层的建筑，在进行刷白处理后，增加贴面装饰的方式，对门、窗、栏杆适当增加竹元素作为装饰，还可以在适当部位增设竹栅栏，从而提升建筑的整体景观效果，使竹元素在建筑上得到充分展现（图5.38）。

图 5.39　建筑现状图

图 5.40　建筑立面改造效果图

　　位于石竹园自然村，百甘线与石关线的交叉口有两处建筑厂房，废弃已久（图5.39）。在石竹园村美丽乡村规划设计的过程中，将其改造为民宿建筑，在保留原有建筑框架的基础上，对建筑立面进行重新粉刷，其中建筑风格模仿徽派建筑，白墙灰瓦的建筑风格与竹制的门窗连廊相结合，竹文化与江南文化相互交融，别具一番风味，同时还能使石竹园村的竹文化得到进一步的传承和发展。另外，在庭院内沿民宿墙边适当种植一些观赏价值较高的竹类植物，如紫竹、佛肚竹等，营造良好的竹景观效果的同时，又能起到软化建筑的作用（图5.40~图5.45）。

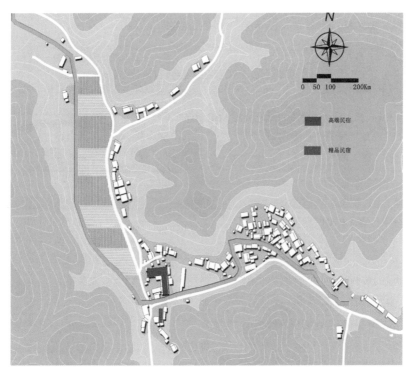

图 5.41　民宿布点图

图 5.42　高端民宿现状图

图 5.43　高端民宿效果图

图 5.44　精品民宿现状图　　　　　　图 5.45　精品民宿效果图

　　石竹园村中还有两处公共厕所（图5.46），主要是由仿竹材料和青砖两种材质组成，厕所的门、窗、门楼都采用仿竹竿的样式，同时还雕刻有简单的图纹，精致又不失竹韵味，窗户两侧还设有竹栅栏，使得整个厕所的竹特色更加明显。青砖、黛瓦与竹元素的结合，让整个建筑充满古朴典雅的气质，也充分地展现了石竹园村的竹特色（图5.47）。

图 5.46　厕所布点图

图 5.47　厕所效果图

（2）竹元素在庭院景观设计中的表达

　　庭院是村庄中占据比例最大的一种空间类型，是村民日常生活最主要的活动空间，也是最能展现乡村风貌的地方。石竹园村的庭院现状杂乱，不够美观，庭院样式也比较单一，庭院围墙也呈封闭状态，都是由水泥直接堆砌而成的封闭式围墙，枯燥且不美观。因此，在石竹园村美丽乡村规划设计的过程中，针对不同的庭院类型和建筑风格采用不同的设计样式。

　　民宿庭院中，将景观美学理论和符号学理论融入其中，在绿地上种植数株观赏竹，在白墙的映衬下，展现出竹子的个体美。观赏竹选用观赏价值高、或者是有特殊形态或神秘色彩的竹种，如植株呈现黄色、红色、白色、绿色、紫色等颜色的竹子等，丰富庭院中的景观色彩。庭院内的廊架、桌椅都是采用真竹材料制作而成。地面铺装将竹叶、竹秆等竹元素符号镶嵌其中，展现石竹园村丰富而又深厚的竹文化。庭院内的景观小品采用的是村民手工编织的竹篮、竹篓等村民生活中常用的器具，使竹元素在庭院空间中得到充分的利用（图5.48、图5.49）。

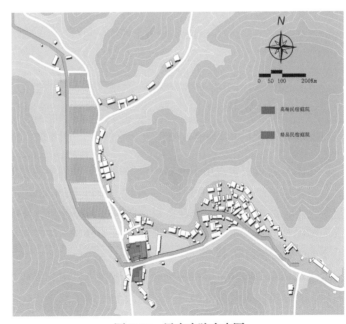

图 5.48　民宿庭院布点图

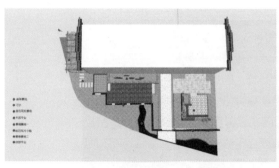

图 5.49　精品民宿庭院平面图

图 5.50　精品民宿庭院效果图

　　石竹园村庭院的整治主要位于杨坞里自然村和石竹园自然村，约41户（图5.51、图5.52）。在石竹园村竹元素规划设计的应用过程中，根据庭院的建筑风格和村民的需求，对竹元素在庭院景观中加以运用。

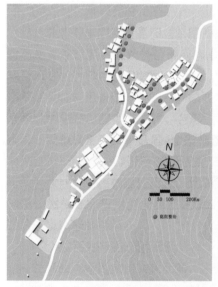

图 5.51　杨坞里庭院整治布点图

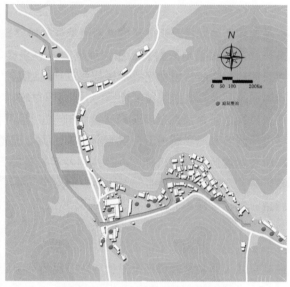

图 5.52　石竹园庭院整治布点图

　　花园型庭院主要适用于欧式别墅庭院，在庭院中种植以观赏效果较好的竹类植物为主，可以选择不同颜色的竹种，如紫竹、金竹（*Phyllostachys sulphurea*）等，孤植于庭院之中，以丰富庭院的景观色彩，形成极具美感的竹景观（图5.53、图5.54）。

　　菜园型庭院，菜地的篱笆根据居住者的意愿选择采用原生竹材料或仿竹材料制作而成（图5.55、图5.56）。

　　景观小品型庭院，该类庭院绿化面积较小，铺装面积较大，铺装采用瓦片、卵石等材料，其中镶嵌着竹元素符号；庭院内的景观小品采用竹材编制而成，可以作为小品等仅供观赏，有竹子也可以用它来种植其他草花等；在树种的选择上以观赏竹为主，使得庭院景观韵味十足。

这几类庭院在围墙的样式上是统一的，主要有两种形式：一种是以碳化竹、碎石和青石砖为主要材料，围墙中间采用竹篱笆和碎石垒成的墙柱相结合的方式，形成通透式围墙，不仅具有浓厚的乡土气息，还体现了石竹园村竹特色。另外一种围墙样式则较为简单，采用仿竹材料制作成竹节的式样，再搭配木质悬挂花箱，以此来展现石竹园村的竹特色（图5.57）。

图 5.53　庭院现状图

图 5.54　庭院效果图

图 5.55　庭院现状图

图 5.56　庭院效果图

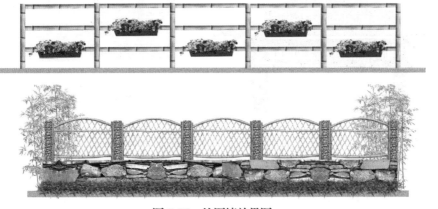
图 5.57　竹围墙效果图

庭院中竹篱笆主要用于菜地的围合，它的样式有两种：一种是采用不锈钢仿竹材料制作而成，用较粗的竹材作为篱笆的竖向支撑，较细的竹材交叉连接两支撑竹节，起到一定的阻拦作用，这种竹篱笆的高度一般为1 m左右；另一种竹篱笆是采用原生竹材料制作而成，样式与前一种相似，竹篱笆的上部还有一排"竹屋顶"，它的高度一般较高，可以达到1.5 m左右；这两种样式的竹篱笆都充分地体现了石竹园村的竹元素，彰显出石竹园村浓郁的竹文化氛围（图5.58）。

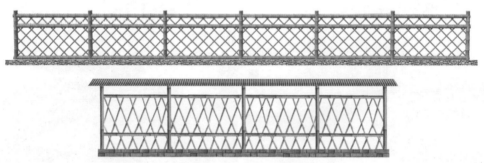

图 5.58　竹篱笆效果图

5.2.2.3　竹元素专项设计

（1）竹元素在休息设施中的应用

休息设施包括座椅和休息亭廊，竹元素在座椅上的应用有两种表现形式：一种是直接通过竹材料来展现，采用竹材料编制而成座椅，直接展现石竹园村竹特色；另一种是在座椅的靠背上，镶嵌刻有竹子诗画的铸铁背板，通过诗画的形式来展现石竹园村竹文化（图5.59）。同时座椅的体量和尺度感要满足景观设计学的要求。休息亭廊一般采用原生竹材料制作而成，与石竹园村周围的竹环境相协调，能很好地凸显出石竹园村深厚的竹文化特色（图5.60）。

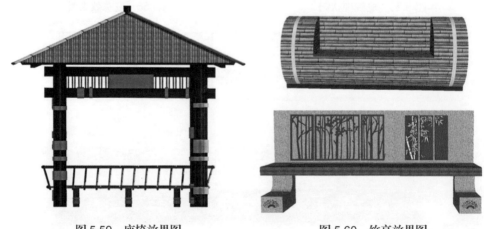

图 5.59　座椅效果图　　　　　　　　图 5.60　竹亭效果图

（2）竹元素在照明设施上的应用

石竹园村竹元素的规划设计在照明设施的运用主要包括长杆路灯和景观地灯两种。高杆路灯位于主要道路上，高度一般为4~6m，采用不锈钢仿竹材料制作而成，灯杆做成竹竿的样式，颜色也与竹子的颜色一致，灯杆中间采用现代的技术手段将竹元素符号化，把竹叶元素刻画在路灯上，充分展现出石竹园村的竹文化和竹特色。景观地灯一般用在节点或者庭院中，它的样式新颖，造型独特，采用竹材料制作而成，造型多样，以此来凸显石竹园村竹文化特色（图5.61、图5.62）。

图 5.61　照明设施布点图

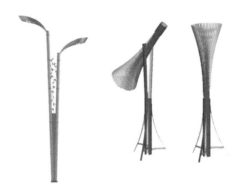

图 5.62　路灯效果图

（3）竹元素在环卫设施中的应用

竹元素在垃圾桶、垃圾房等环卫设施上采用统一的设计样式。垃圾桶采用竹条编制而成，使用桐油浸泡处理，防止垃圾对竹条的腐蚀。垃圾房采用竹材料制作而成，不同分类的垃圾房选用不同颜色的竹材料，每一种颜色的垃圾桶与一种颜色的竹类植物相对应，垃圾桶上还可以写上相应竹子的介绍，这样不仅符合垃圾分类的标准、遵循景观美学理论的要求、满足人们生活需求上的美感，还从侧面反映出了竹元素的多样性，也可以向人们展示出石竹园村丰富的竹资源，让人们对竹文化有更深的了解。另外，垃圾房是垃圾集中回收的地方，在垃圾房周围种植能改善空气质量的竹类植物，如毛竹、慈竹等，使得垃圾房周围的空气质量得以改善（图5.63~图5.65）。

图 5.63　环卫设施布点图

图 5.64　垃圾桶效果图

图 5.65　垃圾桶意象图

（4）竹元素在宣传设施上的应用

宣传设施上竹元素的运用主要是在党建宣传长廊和科普教育宣传栏两种类型上，党建长廊采用天然竹材制作，保持竹材的本色，展现出竹子典雅质朴的韵味、高风亮节的高尚品格，和我国所推崇的清正廉洁的品质不谋而合，采用竹材料来制作党建宣传长廊，不仅可以将石竹园村的竹文化得到展现，还可以将党建文化的精神内涵通过竹子展现出来（图5.66）。科普教育宣传栏的作用是对人们开展科普教育宣传活动，宣传栏采用木质或竹质材料，将石竹园村的竹文化历史通过绘画、诗词、故事的方式展现出来，另外石竹园村悠久的竹节龙灯文化也可以在宣传栏上得到展示，让新一代的年轻人深入了解这段历史文化，让传统的竹文化得到传承和发展（图5.67）。

图 5.66　党建长廊效果图

图 5.67　文化宣传栏效果图

（5）竹元素在标识引导设施上的应用

在石竹园村竹元素规划设计应用的过程中，标识引导设施采用统一的样式：材料为钢板、铝材料、亚克力板、竹筒。标识引导设施的主体采用经过加工的铝材料，表面处理为竹质纹理，说明展示的部分为耐候钢板和亚克力板，对耐候钢板进行镂空处理，雕刻出竹子的图案，标识引导设施在适当位置嵌入经过桐油浸泡后的竹筒，再将表面刷上一层明清漆，提高竹筒的耐久性。这一系列的标识引导设施分布在村庄道路的交叉口、建筑住宅等显眼的位置。因此，融入石竹园村竹元素的标识引导设施可以直观地展现出石竹园村的竹文化特色（图5.68、图5.69）。

图 5.68　标识引导设施布点图

图 5.69　标识引导设施效果图

（6）竹元素在景观小品中的应用

石竹园村具有特殊的地域文化特征，因此景观小品的设计要充分挖掘石竹园村的竹文化、竹节龙灯和马灯文化，通过竹元素合理地展现出石竹园村的乡村文化。一种方法是运用符号学理论，通过艺术化的表现手法对竹节龙灯文化和马灯文化加以提炼，然后通过竹元素将其展现出来；另一种方式是通过具象的实际物品，如竹筐、竹篓、竹篮等，直接展现石竹园村的竹元素。这样的做法使景观小品对石竹园村的物质文化和精神文化都有很好的展现（图5.70）。

图 5.70　竹景观小品效果图

　　位于重要节点中的景观小品，可以采用竹材料制作而成的竹雕塑小品，在体量上较大，能够起到吸引游客的作用，竹雕塑小品与石竹园村历史文化相结合，既能营造出浓厚的竹文化氛围，又能诠释乡村独有的历史文化背景。另外，节点中竹景观小品也可以有一定的参与性，利用不同长短的竹筒进行搭配组合，组成不同造型的"竹人"，通过趣味的方式，展现石竹园村的竹特色（图5.71）。

图 5.71　竹景观小品意向图

　　放置在庭院内的竹景观小品，可以采用竹节叠加组合制作成竹花箱，花箱内种植草花植物，放置在庭院中，既能彰显石竹园村的竹氛围，又能提升庭院的景观效果；还可以利用竹筒错落的放置，形成独特的水景观，竹元素清新淡雅的精神内涵与水景相结合，使得庭院别有一番风味（图5.72）。

图 5.72　竹景观小品意向图

5.3　竹元素在石竹园村美丽乡村规划设计中运用的意义

5.3.1　改善生态环境

竹子坚韧挺拔，四季翠绿，是优秀的绿化树种。在石竹园村广场、庭院、道路等场所中竹类植物的种植，可以改善小气候，吸收风尘等，同时释放出氧气和杀菌素，起到净化空气的作用，从而提升乡村生活环境，改善生态环境。

5.3.2　营造景观效果

竹挺拔俊秀，潇洒飘逸，万古长青，具有较高的景观价值，在石竹园村中竹类植物造景无论是做主景还是配景，都能营造出绝佳的景观效果。竹类植物在做主景时，当微风拂过成片的竹林，形成此起彼伏的竹波，竹叶也沙沙作响，同时又有清新淡雅的竹香飘出，在视觉、听觉和嗅觉上都给人带来极佳的体验。"竹径通幽"是竹林景观常用的营造方式，利用竹子的自然生长形成蜿蜒曲折的小路，给游人带来宁静幽远的感觉。竹类植物做配景时，可以与景石、假山、溪水、建筑等搭配，营造出良好的景观效果。竹与山石搭配，一刚一柔，让竹景更有韵味，山石上还可题字作画，更添可观之感。与溪水搭配，一动一静，更具诗情画意，竹子潇洒飘逸的身影倒映在清澈碧绿的水中，是思考感悟人生的好去处。竹子与建筑搭配更是能起到软化建筑的作用，使得整个乡村环境更加和谐自然。由此可见，采用竹子营造景观效果不仅可以将竹类植物挺拔俊秀的气质融入环境中，还能与其他建筑物、构筑物搭配，营造出良好的景观效果。

5.3.3　弘扬精神文化

竹被人们赋予了丰富的人文色彩，人们借此来表达自己的人生感悟和人生态度。在石竹园村中，通过竹类植物景观营造和竹材料的使用，深入挖掘竹文化，营造竹文化氛围，展现竹元素丰富的文化特征，将竹文化渗透融入到整个乡村之中，使人们在日常生产生活和观景游玩的过程中，能够通过竹景观感受竹元素传递出的精神文化内涵，并以此来抒发自己的情感，寄托自己的情怀，将自己融入景观中，情景交融，寄情于景，从而引发观赏者类似的情感联想和对人生的思考和感悟，使精神和心灵都得到满足和藉慰。

6　总结与展望

6.1　总　结

浙江省作为我国竹资源极为丰富的大省，具有浓厚的竹文化，竹元素与浙江乡村的生产、生活、生态也息息相关、密不可分，从古至今深受人们的喜爱和尊敬。竹元素在浙江省美丽乡村规划设计中无论是在竹景观的营造、竹文化的展示、竹材料的运用还是竹产业的开发上都极具特色。

该案例以竹元素为研究对象，通过对溪口村、溪头村、双一村三个浙江省的美丽乡村竹元素的应用情况进行实地调查和文献资料的查阅，总结出竹元素在美丽乡村规划设计中的应用方式；通过对石竹园村的现状进行分析，了解石竹园村的地理区位、竹资源现状和乡村现状，总结竹元素在石竹园村中应用存在的问题，在此基础上提出对竹元素在石竹园村美丽乡村规划设计中的应用建议。总体研究得出以下结论：

①竹元素在浙江省美丽乡村规划设计中的应用方式主要有：植物景观营造、竹材料的使用、竹文化的展示、竹旅游产业的开发4个方面。

②竹元素在美丽乡村规划设计中存在的问题有：竹类植物景观营造缺乏特色、竹材料的运用缺乏创新、竹文化的展现不充分、竹旅游产业开发不全面。

③竹元素包括活体竹子及其衍生物，具体可以分为竹自然元素和竹文化元素。竹自然元素是指活体竹子，竹文化元素包括物质文化元素和精神文化元素。物质文化元素包括竹材料和竹美食，精神文化是指竹子所具备的精神内涵及其表现形式。物质文化是对精神文化的具象概况，精神文化是对物质文化的抽象表达。

④竹元素对浙江乡村的生产、生活、生态有着深刻的影响，对美丽乡村规划设计也有着至关重要的作用。竹元素不仅可以改善乡村的生态环境，还可以带动乡村经济的发展，增加村民的收入，提高村民的生活水平。

⑤以余杭区百丈镇石竹园村为案例，对石竹园村中竹元素的应用现状进行分析，总结其存在的问题。在规划层面上提出规划目标、规划原则、规划策略、道路系统规划和旅游产业规划。

⑥在设计层面上，石竹园村中公共活动空间、建筑庭院空间两种不同的场所中竹元素的具体应用手法有植物景观的营造、竹材料的应用与创新、竹文化的展示和竹旅游产业的开发。植物景观营造主要包括孤植、丛植、列植、林植；竹材料的应用与创新主要包括原生竹材料和仿竹材料两种；竹文化的展示通过与诗词书画结合或者提取竹元素相关符号来展现，活化竹文化内涵。从而打造以竹林景观为主要特色，竹食品品尝为主要功能，竹文化体验为主要类型的美丽乡村。

6.2　展　望

①竹元素在浙江省美丽乡村规划设计中应用分析是一个复杂而又全面的问题，目前关于这方面的理论研究还较为缺乏，需要加强对竹元素在浙江省美丽乡村规划设计相关理论知识的丰富和完善，可以通过多学科交叉融合，形成一套完整的理论体系，为后续的研究提供更多更有利的理论支撑。

②在竹材料的应用上，真竹材料不耐用，在经历雨水冲刷后易腐烂；仿竹材料具有一定的辐射性，不环保，因此后续研究竹元素在浙江省美丽乡村规划设计中的应用时，可以将竹材料与一些新型材料相结合或者运用先进的技术手段，使得竹材料在景观效果的呈现上更加持久，在使用上更加生态环保。

③浙江省乡村竹资源丰富，美丽乡村的建设水平也较高，该研究只选择了浙江省的3个美丽乡村进行了调查分析，在后续的研究中，需要对更多相关的美丽乡村进行实地走访调研，更加全面地了解竹元素在浙江省美丽乡村中的应用现状，不断发现新的问题，深化应用策略。另外，该研究只选择了余杭区石竹园村作为实践案例，在未来的研究中，需要通过更多的乡村来验证应用策略的合理性，增加应用策略的可行性。

参考文献
REFERENCES

理论篇　参考文献

[1] 李伯谦. 中国古代文明演进的两种模式：红山、良渚、仰韶大墓随葬玉器观察随想[J]. 文物，2009（03）：47–56.

[2] 马新. 论两汉时代的乡村神祇崇拜[J]. 山东社会科学，2004（01）：67–72.

[3] 谷更有. 唐宋时期的乡村控制与基层社会[M]. 天津：天津古籍出版社，2013：91–119.

[4] 王思明. 如何看待明清时期的中国农业[J]. 中国农史，2014，33（01）：3–12.

[5] 王云五. 丛书集成初编[M]. 北京：商务印书馆，1985：1.

[6] 牟钟鉴，胡孚琛，王保玹. 道教通论：兼论道家学说[M]. 济南：济南齐鲁书社，1991：580.

[7] 马晓云，张淑萍. 品牌视角下民族符号学内涵及表征的探索性研究：基于文献扎根法[J]. 黑龙江民族丛刊，2015（5）：122–126.

[8] 康澄. 文化符号学中的"象征"[J]. 国外文学，2018（1）：1–8.

[9] 张忠杰，龙宇晓，张宝根. 苗拳与族群认同中国苗拳象征意义的文化符号学研究[J]. 体育学刊，2017，24（6）：22–28.

实践应用篇　参考文献
案例一

[1] 方清云. 少数民族图腾文化重构与启示：对畲族图腾文化重构的人类学考察[J]. 云南民族大学学报，2015，32（2）：26–31.

[2] 邱慧灵. 景宁畲族彩带"意符文字"的探究与释读[J]. 浙江工艺美术，2009（9）：24–27.

[3] 贺晓亚. 畲族服饰研究[J]. 国际纺织导报，2019（5）：44–46.

[4] 金成熺. 畲族传统手工织品：彩带[J]. 中国纺织大学学报，1999，25（2）：99–106.

[5] 王增乐. 景宁畲族文化资源分析和特色化发展思考[J]. 怀化学院学报，2016，35（7）：6–9.

[6] 黄云. 福建省畲族文化旅游开发刍议[J]. 旅游纵览，2017（4）：294.

[7] 梅松华. 畲族饮食道德文化元素探析[J]. 前沿，2011（6）：123–125.

[8] 张白平. 论畲族酒文化[J]. 酿酒，2010，37（3）：87–89.

[9] 石中坚. 畲族文化源流探析[J]. 牡丹江教育学报，2013（5）：122–124.

[10] 邢娟. 浙江景宁畲乡之窗旅游景区发展策略研究[J]. 中小企业管理与科技（中旬刊），2014（1）：102–103.

[11] 陈祎翀，金鑫，倪琪. 竹景观空间及其意境营造研究：以杭州西湖风景区为例[J]. 华中

建筑，2014（2）：133–136.

[12] 公伟. 从"物质空间"到"认知空间"：一种小城镇特色景观风貌保护和营造的新途径[J]. 美术观察，2014（3）：124–125.

[13] 李静，黄华明. 现代园林景观空间中视觉形式美的营造[J]. 安徽农业科学，2010，38（32）：18448–18450.

[14] 黄嘉颖，肖大威，吴左宾. 冲突与共荣：历史文化村镇旅游与建筑文脉延续的和谐诉求[J]. 古建园林技术，2018（4）：49–51.

[15] 赵建. 全域旅游视角下旅游风情小镇开发策略研究：以无锡灵山禅意小镇·拈花湾为例[J]. 经济发展研究，2018（12）：21–22.

[16] 刘妩. 夜光跑道的设计及应用：园林工程中应用"四新"（新技术、新材料、新工艺、新方法）的探索与实践[J]. 北京园林，2018，34（126）：27–32.

[17] 任璐. 城市商业综合体交互性景观设计研究[J]. 上海纺织经济，2019（6）：23–25.

[18] 刘根生. 从乡村旅游步入乡村旅居[N]. 南京日报，2018-3-5.

[19] 刘昌平，汪连杰. 新常态下的新业态旅居养老产业及其发展路径[J]. 现代经济探讨，2017（1）：23–27.

[20] 董广智，段七零. 基于经济转型升级的旅游风情小镇建设策略：以扬州市为例[J]. 城市旅游规划，2018（2）：104–107.

[21] 聂鑫炎. "特色小镇"形象的整合营销传播策略：以乌镇为例[J]. 青年记者，2018（2）：124–125.

[22] 陈文彬，高卫斌. 宫崎骏动漫民族文化特征对畲族文化传播与保护的启示[J]. 数字艺术，2016（8）：87–89.

[23] 程国辉，徐晨. 特色小镇产业生态圈构建策略与实践[J]. 规划师，2018（5）：90–95.

[24] 杨立国，刘沛林. 旅游小镇成熟度评价指标体系与实证研究：以首批湖湘风情文化旅游小镇为例[J]. 经济地理，201737（7）：191–197.

[25] 闵忠荣，周颖，张庆园. 江西省建制镇类特色小镇建设评价体系构建[J]. 规划师，2018（11）：138–141.

[26] 吴杰. 旅游发展对风情民俗资源的消极影响分析及其对策研究[J]. 中国管理信息化，2016，19（11）：144–145.

[27] 徐赣力. 发展民俗旅游与保护民族文化[J]. 桂林旅游高等专科学校学报，2000，11（3）：46–48.

[28] 吴必虎，余青. 中国民族文化旅游开发研究综述[J]. 民族研究，2000（4）：85–94.

[29] 汤书福. 畲族传统聚落形态及文化传承对策研究[J]. 科技通报，2014，30（3）：80–86.

[30] 张亚东，春拉. 民族地区推进城镇化需审慎考虑文化保护问题[J]. 北方经济，2014（11）：30–31.

[31] 方清云. 少数民族文化重构中的精英意识与民族认同：以当代畲族文化重构为例[J]. 广西民族大学学报，2013，35（1）：81–84.

[32] 杨龙英. 试论畲族文化保护和开发[J]. 大众文艺，2013（7）：28.

案例二

[1] 杨蕾. 红色旅游背景下广州市红色文化景观分析[J]. 职业，2014（21）：187–189.

[2] 杨昌鸣，赵真，成帅. 基于文化景观感知的分散型红色文化景观保护规划：以江西原中共闽浙赣省委机关旧址为例[J]. 中国园林，2011，27（4）：21–25.

[3] 徐克帅. 红色旅游和社会记忆[J]. 旅游学刊，2016，31（3）：35–42.

[4] 刘海洋，明镜. 红色旅游：概念、发展历程及开发模式[J]. 湖南商学院学报，2010，17（1）：66–71.

[5] 李宗尧. 论"红色旅游"功能的多样性：兼谈蒙阴县野店镇旅游业的综合开发[J]. 山东省农业管理干部学院学报，2002（4）：66–67.

[6] 韦福雷. 特色小镇发展热潮中的冷思考[J]. 开放导报，2016（6）：20–23.

[7] 谭华云，许春晓. 行动者网络视阈下红色旅游融合发展中的利益共生研究：以韶山红色旅游为例[J]. 广西社会科学，2016（01）：64–70.

[8] 吴超. 红色文化资源开发面临的问题和对策[J]. 红色文化学刊，2019（03）：81–86+112.

[9] 徐仁立. 红色旅游创新发展研究[J]. 红色文化资源研究，2017，3（01）：154–161.

[10] 刘香丽. 文化遗产旅游开发与保护研究[D]. 大连：辽宁师范大学，2008.

[11] 李月芬. 基于内涵拓展视角下长株潭红色旅游开发研究[D]. 湘潭：湘潭大学，2011.

[12] 冯亮，党红艳，金媛媛. 晋中市红色文化旅游资源的评价与开发优化[J]. 经济问题，2018（07）：92–98.

[13] 刘彦，李巧云，关欣，刘义红，刘向上，杨程，陈书. 论板仓红色旅游与板仓小镇经济的协调发展[J]. 安徽农业科学，2011，39（17）：10607–10609.

[14] 叶潇涵. 基于红色文化的南泥湾文旅特色小镇规划设计研究[D]. 杭州：浙江大学，2018.

[15] 易修政，卢丽刚，万明. 江西高铁新版图下红色旅游和特色小镇融合发展研究[J]. 南昌航空大学学报（社会科学版），2018，20（3）：56–62.

[16] 谢静. 文化导入理念下特色小镇"特色"建设：以云南瑞丽畹町特色小镇为例[J]. 小城镇建设，2018，36（7）：98–104.

[17] 赵越，赵毅. 遵义红色旅游产品开发探讨：以遵义会议会址等景区为例[J]. 现代商贸工业2008（9）：111–112.

[18] 林超. 绵阳两弹城红色旅游产品开发探讨[J]. 科技信息，2008（36）：254，290.

[19] 赵翠侠. 红色旅游可持续发展研究[J]. 合肥学院学报（社会科学版），2009，26（1）：94–97.

[20] 郑涛，张玉蓉，姜云艳. 红色精神传播视域下川藏公路文化旅游发展研究[J]. 重庆交通大学学报（社会科学版），2019，19（02）：27–31.

[21] 宋立中. 国外非物质文化遗产旅游研究综述与启示：基于近20年ATR、TM文献的考察[J]. 世界地理研究，2014，23（4）：136–147.

[22] 张勇刚，游细斌. 国内外红色旅游综述[J]. 赤峰学院学报（自然科学版），2012，28（21）：80–82.

[23] 曾小红. 论湖湘红色文化元素在旅游纪念品设计中的应用[J]. 中国包装，2017，37（5）：26–28.

[24] 张立芳，韩敏学. "红色文化"符号在红色文化宣传中的研究与应用[J]. 大众文艺，2013

（2）：254.

[25] 姚兵. 特色小镇的特色建设[J]. 城乡建设，2017（24）：9–10.

[26] 叶潇涵，黎冰，黄杉. 红色文化在西北地区特色小镇规划设计中的应用：以南泥湾"红色文化小镇"为例[J]. 建筑与文化，2018（7）：113–115.

[27] 李双清，刘建平. 产业集群视角下红色旅游文化产业竞争力提升研究[J]. 社科纵横，201429（6）：36–40.

[28] 李强. 特色小镇是浙江创新发展的战略选择[J]. 中国经贸导刊，2016（4）：10–13.

[29] 周晓虹. 产业转型与文化再造：特色小镇的创建路径[J]. 南京社会科学，2017（4）：12–19.

[30] 宋涛. 特色小镇旅游深度开发中的文化元素研究[D]. 武汉：华中师范大学，2017.

[31] 李晨，谢璐，荆曼. 红色文化融入特色小镇建设的价值及路径研究[J]. 理论观察，2019（3）：125–128.

[32] 钟利民. 论红色文化的经济价值及其实现问题[J]. 求实，2010（3）：84–87.

[33] 周金梅. 论特色小镇建设的理论与实践创新[J]. 住宅与房地产，2017（18）：257.

[34] 赵静. 特色小镇之旅游小镇的开发现状、问题及模式分析[J]. 中国物价，2017（5）：83–85.

[35] 刘红滨. 历史与发展：风景园林规划设计的文脉：记第三届风景园林规划设计交流会[J]. 中国园林，2002，18（2）：89–91.

[36] 赵小芸. 国内外旅游小城镇研究综述[J]. 上海经济研究，2009（8）：114–119.

[37] 石磊，王珏. 红色文旅小镇营造手法探究：湘潭乌石红色文旅小镇打造的设计与实践[J]. 住宅产业，2018（12）：22–27.

[38] 李真真. 红色文化元素在产品设计上的应用研究[D]. 武汉：华东师范大学，2014.

[39] 陈鹏涛，杨茂川. 红色文化在餐饮空间软装饰设计中的应用[J]. 艺术科技，2014，27（05）：314+291.

[40] 胡亚光，胡建华. 浅论井冈山红色饮食旅游资源的开发[J]. 企业经济，2011，30（05）：157–159.

[41] 方世敏，邓丽娟. 红色旅游资源分类及其评价[J]. 旅游研究，2013，5（1）：36–40.

[42] GORDON B M. Warfare and tourism Paris in world war Ⅱ[J]. Annals of Tourism Research, 1998, 25（3）: 616–638.

[43] WEAVER A. Tourism and the military[J]. Annals of Tourism Research, 2010, 38（2）: 672–689.

[44] SEATON A. War and thanatourism：waterloo 1815–1914[J]. Annals of Tourism Research, 1999, 26（1）: 130–158.

[45] WINTER C. Tourism, social memory and the great war[J]. Annals of Tourism Research, 2009, 36（4）: 607–626.

[46] SIEGENTHALER P. Hiroshima and Nagasaki in Japanese guidebooks[J]. Annals of Tourism Research, 2002, 29（4）: 1111–1137.

[47] PRENTICE RICHARD. Community-driven tourism planning and residents' preferences[J]. Tourism Management, 1993, 14（3）: 218–227.

[48] EDWARDS J A, LLURDES I C J C. Mines and quarries[J]. Annals of Tourism Research, 1996, 23（2）: 341–363.

[49] BORG J V D，COSTA P，GOTTI G. Tourism in European heritage cities[J]. Annals of Tourism Research，1996，23（2）：306-321.

[50] CHANG T. Urban heritage tourism[J]. Annals of Tourism Research，1996，23（2）：284-305.

[51] PORIA Y，BUTLER R，AIREY D. The core of heritage tourism[J]. Annals of Tourism Research，2003，30（1）：238-254.

[52] M BAUD BOVY. New concepts in planning for tourism and recreation[J]. Tourism Management，1982，3（4）：308-313.

案例三

[1] 李文艺. 先秦至魏晋南北朝竹文学研究[D]. 福州：福建师范大学，2010.

[2] 柳涛，邱丽氚，常虹. 中国竹亚科植物空间分布及多样性研究[J]. 竹子学报，2018（1）：1-7.

[3] 邱尔发，洪伟，郑郁善. 中国竹子多样性及其利用评述[J]. 竹子研究汇刊，2001，20（2）：11-14.

[4] 李岚，朱霖，朱平. 中国竹资源及竹产业发展现状分析[J]. 南方农业，2017，11（1）：6-9.

[5] 佚名. 日本竹资源[J]. 世界竹藤通讯，2010，8（3）：5.

[6] 竹藤中心. 泰国竹产业借力中国发展[J]. 世界竹藤通讯，2013，11（2）：30.

[7] 孙立方，郭起荣，王青. 泰国竹类资源现况[J]. 世界竹藤通讯，2012，10（2）：30-31.

[8] 刘蔚漪，辉朝茂，阮琳妮. 泰国竹类资源民间利用初步调查分析[J]. 竹子学报，2016，35（4）：42-47.

[9] 关传友. 中国的竹景观资源[J]. 竹子研究汇刊，2003，22（4）：73-78.

[10] 李宝昌，汤庚国. 园林竹建筑及小品研究[J]. 竹子研究汇刊，2002，21（2）：64-66.

[11] 陈永生，吴诗华. 竹类植物在园林中的应用研究[J]. 西北林学院学报，2005，20（3）：176-179.

[12] 刘静怡，王云. 竹在现代园林中的应用与发展[J]. 上海交通大学学报（农业科学版），2006（1）：4-98.

[13] 杨帆，陈怡，王永安. 竹类植物园的文化构思与表现[J]. 竹子研究汇刊，2002（3）：61-65.

[14] 邹林. 竹制工艺旅游产品刍议[J]. 皖西学院学报，2007（2）：148-150.

[15] 沈阳，杨绍中. 浙江省安吉县竹子生态旅游发展思考[J]. 竹子研究汇刊，2003（3）：19-22.

[16] 江敏华，王华清. 青神精品竹编的艺术价值初探[J]. 美与时代（上），2010（7）：43-45.

[17] 朱石麟，李卫东. 日本的竹类资源及其开发利用[J]. 世界林业研究，1994（1）：59-63.

[18]（日）玉来和彦. 作为象征性场所的日本广场[J]. Landscape Design（国际版），2005（9）：38-39.

[19]（日）神成笃司. 玉名温泉司浴池[J]. Landscape Design（国际版），2007（3）.

[20] 周子文. 观赏竹在现代江南园林景观中的应用研究[D]. 南昌：江西农业大学，2016.

[21] 朱建宁. 探索未来的城市公园：拉·维莱特公园[J]. 中国园林，1999（2）：71-74.

[22] 王向荣，林箐. 西方现代景观设计的理论与实践[M]. 北京：中国建筑工业出版社，2002.

[23] 杨帆，陈怡，王永安. 竹类植物园的文化构思与表现[J]. 竹子研究汇刊，2002（3）：61-65.

[24] 鲁澎，王富德. 竹乡旅游初探：以江西省崇义县为例[J]. 北京第二外国语学院学报，2006（5）：66-69.

[25] 刘蔚漪，辉朝茂，阳斐. 云南省沧源竹博园旅游规划研究[J]. 竹子研究汇刊，2013（3）：58-62.

[26] 宋永全. 云南省竹产业发展的优势、问题与对策[J]. 防护林科技，2015（2）：75-78.

[27] 胡冀珍. 云南德宏州民族竹文化特色旅游开发研究[J]. 竹子研究汇刊，2005（4）：55-59.

[28] 何明，廖国强. 中国竹文化[M]. 北京：人民出版社，2007：1-2.

[29] 陈其兵. 观赏竹配置与造景[M]. 北京：中国林业出版社，2007：128.

[30] 顾蔼娇，高璜，陈伏生. 竹子观赏特性及其在园林景观配置中的应用[J]. 南方林业科学，2016，44（5）：61-64.

[31] 徐晓芳. 竹类植物在邯郸市园林景观中的应用研究[D]. 保定：河北农业大学，2013.

[32] 史冬辉. 论竹文化在农林高校的传承和创新[J]. 竹子学报，2017（1）：74-77.

[33] 朱屹，陈钰，陈柯逸. 新型竹建筑材料的基本性能及应用现状[J]. 华中建筑，2014，32（10）：56-59.

[34] 孙巨森. 竹文化及竹子在园林造景中的应用[C]. 杭州：浙江省风景园林学会，2016.

[35] 李卫贞. 材质之美：论竹材在设计中的人文特征[J]. 科教文汇（上旬刊），2007（1）：206-207.

[36] 刘琦. 竹文化在环境设计中的应用研究[J]. 美与时代（上），2019（2）：74-76.

[37] 李彬，彭义. 创造城镇建筑的地域性特色[J]. 西南农业大学学报（社会科学版），2008，6（2）：1-3.

[38] 麻锡亮，程爱林，姚卫红. 浙江省竹产业转型升级体系构建[J]. 国家林业局管理干部学院学报，2012，11（3）：19-24.

[39] 张健，张宏亮，谢锦忠. 浙江省竹产业发展瓶颈及对策建[J]. 竹子学报，2019，38（2）：11-15.

[40] 祝国民. 浙江省竹林生态区划及区域竹业发展研究[D]. 南京：南京林业大学，2006.

[41] 楼崇，祝国民. 浙江省竹林生态区划研究[J]. 浙江林学院学报，2007，24（6）：741-746.

[42] 浙江省林业厅. 浙江省竹产业发展分析[J]. 区域经济，2014（16）：52-53.

[43] 陈智伟. 浙江农村一二三产业融合发展的实践[J]. 中国经贸导刊，2016（7）：46-47.

[44] 汪菁，刘孝斌. 经济、生态和文化协同发展视角：浙江安吉县竹产业发展的实践研究[J]. 统计科学与实践，2018（9）：17-20.

[45] 浙江省科学技术厅. 浙江省十县百万亩竹产业效益提升工程实施方案[EB/OL]. 2012-05-31[2019-12-20]. http://www.zjkjt.gov.cn/html/node01/detail.jsp?lmbh=0101&lmms=&xh=31881.

[46] 中国林业网. 竹产业成为浙江山区农民致富的主导产业[EB/OL]. 2010-05-25[2019-12-20]. http://www.forestry.gov.cn/portal/lyjj/s/2414/content-408195.html.

[47] 张健，张宏亮，易秀琴. 经济新常态下竹产业发展对策思考：以安吉为例[J]. 世界竹藤通讯，2016，14（5）：34-38.

[48] 周紫球，柳丽霞. 重振遂昌竹产业：助推乡村振兴[J]. 浙江林业，2019（7）：34-35.

[49] 胡正坚. 浙江省安吉县竹产业发展特色及竹协会的作用[J]. 世界竹藤通讯，2012，10（1）：32-35.

[50] 王毅，陆玉麒，车冰清. 浙江省生态环境宜居性测评[J]. 山地学报，2017，15（3）：380-387.

[51] 张成明. 观赏竹在城市园林绿化中的应用[J]. 美与时代（城市版），2018（11）：79-80.

[52] 蔡宝珍，金荷仙. 竹子的生物学特性及其在风景园林中的应用[J]. 世界竹藤通讯，2010，8（4）：39-43.

[53] 杨帆，刘金山，贺东北. 我国森林碳库特点与森林碳汇潜力分析[J]. 中南林业调查规划，2012，31（11）：1-4.

[54] 姜霞. 中国林业碳汇潜力和发展路径研究[D]. 杭州：浙江大学，2016.

[55] 邱尔发，彭镇华，王成. 城市绿化竹子生态适应性评价[J]. 生态学报，2006，26（9）：2896-2904.

[56] 张春霞，郭起荣，刘国华. 金丝慈竹在南京生长表现及其应用潜力[J]. 竹子研究汇刊，2011，30（1）：44-47.

[57] 吕玉奎，胡正君，张俊. 观赏竹在现代园林规划设计中的应用[J]. 南方农业（园林花卉版），2009，3（8）：3-8.

[58] 涂淑萍，叶长娣，王蕾. 黄竹叶片营养与土壤肥力及产量的相关研究[J]. 江西农业大学学报，2011，33（5）.

[59] 周芳纯. 竹林培育学[J]. 竹类研究，1993（1）：1-95.

[60] 李正才，傅懋毅，徐德应. 竹林生态系统与大气二氧化碳减量[J]. 竹子研究汇刊，2003，22（4）：1-6.

[61] 蒋亚芳. 园林用竹的研究[J]. 竹类研究，1996（1）：22-34.

[62] 李慧，张玉坤. 生态建筑材料竹子浅析[J]. 建筑科学，2007，23（8）：20-31.

[63] 段威，秦振兴. 村口营建及特色塑造[J]. 小城镇建设，2019，37（5）：109-114.

[64] 沈正虹. 乡村景观营造中乡土植物的应用与配置模式[J]. 现代园艺，2016（8）：118-119.

[65] 刘凯红. 基于地域特色的乡村景观规划研究[D]. 保定：河北农业大学，2010.

[66] KLEINHENZ V，MIDMORE D. Aspects of bamboo agronomy[J]. Advances in Agronomy，2001，74：99-153.

[67] E·V·BRETS，CHNEIDER. History of European botanical discoveries in China[M]. London：Ganesha Publishing，2002.

[68] PABLO VAN DER LUGT JOOST-VOGTLANDER.Han B. Bamboo, ma sustainable solution for western Europe design cases，LCAs and Land-use.INBAR Technical Report[R]. 2009.

[69] MEREDITH T. Bamboo garden[M]. Portland：Timber Press，2010.

[70] Zhou G M，MENG C F，JIANG P K，et al. Review of carbon fixation in bamboo forests in China[J]. The Botanical Review，2011，77（3）：262-270.

[71] ZHOU G M, JIANG P K, MO L M. Bamboo：a possible approach to the control of

globalwarming[J]. International Journal of Nonlinear Sciences & Numerical Simulation，2009，10（4）：547–550.

[72] RATTAN（INBAR）INTERNATIONAI–NETWORK–FOR–BAMBOO. Bamboo：A strategicresource for countries to reduce the effects of climate change[R]. Policy Synthesis Report.

[73] ROBERTD，BROWN T J. Microclimatic Landscape Design[J]. Oxford University Press，1997，4：21–22.

后记

　　本人从事美丽乡村规划建设工作近20年，自2005年起作为科技特派员参与科技扶贫，重点以乡村产业发展带动美丽乡村建设，指导完成了浙江杭州、嘉兴、金华、丽水、衢州等地多个乡村的环境整治、景观建设和产业规划等工作，其中部分乡村已成为当地的示范村、网红点。经过多年美丽乡村建设的经验累积，形成了一定的理论体系，并应用到江西等周边省份，经过了实践的检验。现将这些经验与大家分享，如有不足之处，请各位读者批评指正。

　　本专著由本人带领所指导的硕士生黄堃同学、杨丽同学以及屠艳婕同学于2020年5月完成。在著作中所引用的项目案例来自本人带领团队完成的实践项目，参与实践项目的相关人员主要有孟明浩副教授、申亚梅教授、吴晓华副教授、王玮玮工程师、陈倩婷助理工程师、吴倩倩助理工程师、黄堃同学、杨丽同学以及屠艳婕同学、殷薇同学、吴渝同学、丁晴同学、李超同学、魏伟同学以及江西龙岗镇与百丈镇部分相关人员；编写过程中，彭金琳同学、徐雅露同学、郑叶静同学以及张典同学参与了资料查找整理。在此一并表示感谢。

严少君

2020 年 5 月